做對四件事，成為商業溝通高手

關家莉 著

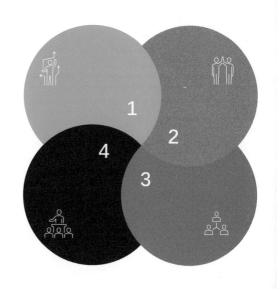

|目錄|

01　掌握溝通訣竅，創造雙贏契機

02　認識你的利益相關者

03 讓利益相關者聽見你、看見你

04 如何讓被溝通者「聽得懂」？

05 商業溝通的終極目標——付諸行動

06 商業溝通的案例與分析

07 商業溝通常見問題

掌握溝通的訣竅，
讓被溝通者採取行動

輔仁大學特聘教授兼校務顧問／李天行

　　疫情艱難的 2020 年，新冠肺炎來的又快又急，導致聚會及出國的機會大減，忙碌的行政工作稍微得到舒緩，但卻有更多的時間跟親人、好友共度，算是意外的收穫。本以為這是老天爺的恩賜，讓自己可以利用這難得的機會，彌補過去十多年終日忙碌而對家人疏於照顧的虧欠。然而結果卻事與願違，且與自己的認知有相當大的落差，原因在於以往因公務之故，長期在外參與活動或出差，不知不覺間太太及雙胞胎已經習慣我不在家的日子，突然間面對整天在家的我反而覺得不習慣，且年輕人因外在環境及同儕影響之故，已經不太能聽得進我的話，本以為可以利用疫情期間修補親子關係的初衷，卻因為疏於經營及溝通出了問題，造成親子間一度關係緊張，是完全始料未及之處。

正在傷腦筋該如何化解此難題之際，接到老同學家莉要我為其剛出爐的新作寫序，由於熟知家莉在其專業領域之出色表現，且有效的溝通在這資訊爆炸和外部訊息滿天飛的時代將扮演舉足輕重的角色，加上正為雙胞胎溝通不良所苦之際，也希望藉由家莉專業的開導，讓我能學習到其精髓並解惑。

收到書稿後即利用教學、研究之空檔拜讀，讀完後豁然開朗，這不正是我現在最需要的工具書。由於取得學位後即擔任教職，迄今已近 27 年，且過去 15 年皆擔任行政主管，深知溝通是非常必要且影響深遠的課題，雖努力做功課，但仍力有未逮且常有事倍功半之感。本書雖然篇幅不長，但完全展現家莉豐富的業界經驗及獨到的體會，內容言簡意賅且深入淺出。從掌握溝通的訣竅，到認識溝通的利益關係人，再到如何能讓利益關係人聽得到、聽得懂，進而最重要的能讓被溝通者採取行動，並輔以三個家莉曾親身參與的案例加以詳盡解說，並將個案發生時因時空背景不同，偏向傳統溝通管道的情境，輔以如何利用當今社群媒體、網紅、臉書、IG 及大數據等現代溝通方式規劃有效的溝通策略，最後並以家莉多年的親身經驗，提出溝通實戰中最常碰到的六個挑戰做為結尾，相信能讓讀者少走一點冤枉路。

情感及經驗須依附於文字，方能產生共鳴，這本書是家莉多年知識及經驗的累積，透過一貫優雅的風格，以及內在的修為，讓我們能捕捉溝通的精髓，相信讀者一定獲益良多。

看懂關鍵四步驟，
學到溝通好方法

美商安進台灣總經理／李宜真

　　溝通是所有事情成功的關鍵，不管是跟家人、朋友、上司、同事、部屬及商業夥伴，如果溝通不良，不但會有誤會、無法達成目標，也可能影響彼此的心情。尤其在網路世代裡，因為訊息太多、訊息傳送速度太快，溝通顯得更加重要，也特別困難；尤其人和人的溝通時間變短，難以有效溝通時，就要精準溝通。

　　我一直覺得溝通首要是必須確定溝通者正確了解被溝通者的想法及反饋，再確定被溝通者正確了解溝通者的意思；然後才能邁向最高境界，也就是雙方的認知都是正確的，並在雙贏的共通點上，才能迎來成功的契機。

　　長久以來，我在職場上有超過七成的時間與不同的人溝通，「有效溝通」成了我工作成功的關鍵；為了精進自己的

溝通能力，經常閱讀與溝通有關的書籍、文章。令人稍有遺憾的是，台灣書市上談及商業溝通的書籍非常有限，只能透過英文書籍來掌握最新的溝通觀念。聽到家莉要寫一本商業溝通的書，我既開心又期待；收到家莉的新書，我迫不及待的閱讀，看到她提出只要做對四件事，就可以成為溝通高手的概念，有邏輯又不複雜的作法時，讓我真的很開心，終於有了一本實用又好用的商業溝通書。

　　認識家莉是在 2014 年，但早在認識她之前就久仰她的大名。2006 年家莉進入藥廠工作時，許多同業奔相走告有一位溝通高手加入了我們的產業，從那時候就很期待跟她合作；但直到 2014 年，我們才在同一家公司相遇，成為同事。

　　2016 年，我擔任該公司的新加坡總經理，家莉負責包括新加坡在內的亞洲區政府事務及公共事務，彼此有了許多近距離的合作機會。她和我的團隊一起規劃國際醫療的溝通方案、藥物經濟評估的政策溝通方案時，看到她為了達到成功溝通所做的細膩規劃，更感受到她對於細節所付出的耐心。

　　隔年，我返回台灣擔任總經理，跟家莉的合作更密切了。看到她不管是規劃、執行跟同仁的溝通、企業形象活動、病人的衛教活動，還有跟產業公會、商會、非政府組織（NGO），甚至政府的溝通；不管溝通活動的大小、難易，

她對所有溝通對象都會下功夫去了解，然後會依照溝通對象的特質與需求去擬定溝通策略與計畫，並會結合內部、外部的資源，與團隊一起合作，追求圓滿的結果。

家莉擔任過公關公司總經理，在不同的產業負責過專業溝通的工作，跟不同的利益相關者（stakeholders）溝通；也曾在企業擔任過與政府溝通、媒體溝通、企業內部溝通以及與 NGO 溝通的角色。她同時也有多年媒體工作經驗，還在大學裡教了多年的溝通，就好像是個溝通平台的角色。很開心她結合產學，和跨領域、跨產業的經驗，書寫出這本很實用的書給大家參考。家莉在書中精闢又簡潔的以關鍵四步驟教大家如何溝通。同時又以生活化的方式以及很多大家熟知的案例，深入淺出地介紹溝通的方法，都是很吸引我的地方。這是一本需要做溝通、喜歡做溝通的人都應該看的書。如果你跟我一樣，相信溝通的重要性，希望能精進自己的溝通能力，請看這本書吧！你會得到啟發的。

以真心溝通，有事竟成

東森新聞雲執行董事／邱佩琳

　　認識家莉，緣自於她的先生陳國君。公司每有主管飯局，總見她小鳥依人在國君身旁。

　　國君是早期東森電視台的同事，優秀正直自然不在話下，我心想他夫人必也是賢內助。直至有次飯局，家莉剛好坐我旁邊，一頓飯吃完，才知她是優秀職業婦女；從她真情描述她和國君一路走來的過程，見到她的真誠及單純。

　　有次邀她一起參加關中院長新書發表會，二人都已送盆花。她知道我是關伯伯外孫女的乾媽，關係比別人又多了一層，細心幫我準備花束讓我可以在會場獻花；當天賓客太多，她和我同是前排位子，她一見狀況，馬上把自己位子讓出，自己站到走道邊，不求表現、細心體貼、謙和相讓，且永遠考量自己可幫別人多做什麼是她的另一大特質。

　　家莉做事最大特質是認真，也是真誠，她從事公關，但

我覺得更精準的定義應是「用交朋友的方式幫人處理疑難雜症」。這個社會不缺聰明圓滑之人，但缺厚道真誠之人。

家莉邀請我幫她的新書寫序，我第一個反應是，「哇！你這個大忙人，怎麼有空出書？」後來知道她寫的是「商業溝通」，因為她想把她多年來從事公關與溝通的經驗，整理成一套簡單易懂的方法，分享給更多需要溝通的人。溝通是現代人必修之課，溝通是否良好，不僅影響我們跟親人、朋友的相處；在商場及職場上，更是成功與否的關鍵因素。我最喜歡這本書的一個原因是，家莉把一個很複雜的溝通，整理成四個關鍵步驟，並用許多我們生活周圍的例子，讓你一看就明白這四個步驟的含意，和如何落實這四個關鍵步驟。

家莉的新書分七大章，我花了二天的時間用心讀完，她將她數十年的溝通經驗從被溝通對象的輪廓，以及溝通時的情境、時間、方式，清楚描述，更用心理學的方式來貫穿，凡事如何設身處地以對方心境思考。書中不僅提及很多溝通的細節與技巧，家莉更細膩分享她多年來的溝通經驗，剖析其中各個作法的思考點，以及落實到執行面時可能碰到的困難、阻礙，又是如何破解，才能成功達成目標；這些都是每個人可以從中學習的重點。貼心的家莉，不僅整理出四個關鍵步驟，還分享她自己執行過的三個案例，並透過穿越時空

的方法，帶著讀者一起看看在不同的時空環境下，要如何透過四個關鍵步驟來完成有效的溝通。最後，家莉還幫大家整理了常見的溝通問題，並提出她的建議。

　　這是本非常棒的書，更重要是家莉善良、聰明、真誠，她以個性為經；多年的經驗、判斷、人脈為緯，才能真正做到處理危機及解決危機。也希望每一位看到這本書的讀者，除了學到書中的做法外，更要有家莉與人為善且出自內心那最真誠的本性。

溝通不一定有答案，這就是
「吊胃口」、「搏眼球」的藝術

康寧大學副校長／馬西屏

家莉過生日，我用 LINE 向她恭賀生日快樂。

沒想到，一下子就收到回音：「謝謝，我可以要一份珍貴的生日禮物嗎？」

我毫不猶豫的回應：「我的榮幸，你如果要我，也可以沒關係。」

家莉回：「我要你……替我的新書寫序。」

簡單的幾句對話，溝通的精髓都在裡面了。

我的錯在於「表錯情、會錯意」，雞同鴨講往往造成尷尬局面。這種錯是溝通大忌，但我們常常再犯。

家莉的錯在於「引誘犯錯」，沒在第一時間將目標講清楚說明白，造成傳遞上的失誤。溝通就好像是寫新聞稿，要將最重要的事放在最前面。

家莉是溝通大師，她不可能會失誤，這在溝通學上是最夯的吊胃口，本書第三章提到的「搏眼球」，就是吊胃口手段。無論是「吊胃口」或「搏眼球」，在溝通上提供一個想像的空間，讓溝通充滿懸疑，是很好的商業宣傳手法，風險在如果「他在意的」和「你隱而未講的」不一致，溝通就會出了差錯。

溝通一旦出了差錯，如何重新溝通是一門學問，家莉在最後一章就是講這件事，如何說「不」？如何溝通一個壞消息？是很難拿捏的危機處理。

溝通出差錯的原因很多，我個人覺得最多的原因都在忽略了「他在意的」！因為人在溝通時往往只在意自己的想法，而沒有做到解讀與回饋的雙向傳播。

有一個兒子出差回來拿了一瓶藍色小丸子給老爸說：「從國外帶回來的，對老人家非常好，高鈣的喔。」

第二天一大早，老爸看到兒子就非常不高興的把藍色小丸子瓶，丟回兒子，用台語說：「一次都抹塞，還九次，騙肖！」

這當然是個笑話，但是笑話的背後告訴我們，老人家在意的不是高鈣。

家莉與我都在大學教溝通，我是在傳播課程與危機處理

課程中教「溝通」。家莉著重在「商業溝通」，一是組織內的溝通，一是組織外的溝通，這是她的拿手好戲，她是這方面的高手，書中用了非常多的實例，連我都獲益良多，好多例子都可以偷偷拿到我的課堂上去用。

世界上最難的一件事情，就是將我腦袋的東西裝到你腦袋裡，溝通就是教你這個最難的遊戲。越難越好玩，來看看這本書，看家莉如何教你玩。

寫序其實就是與讀者溝通。有看這篇序的人看到這裡，一定有一個疑問：「剛開頭的故事是馬老師瞎掰的吧！馬老師是謙謙君子不會如此輕浮。」

哈哈！我不告訴你，溝通不一定有答案，這就是「吊胃口」、「搏眼球」的藝術。

家莉與我兩家是世交，我看著家莉長大的，我是關媽媽的乾兒子，所以我跟家莉情同兄妹，她走入公關界是我介紹的，如今青菜從籃子中拿出來了，籃子很榮幸應邀寫序，這本書很棒，值得推薦。

什麼？不知道「青菜從籃子中拿出來了」什麼意思？唉，沒法溝通……。

創造雙贏讓「溝通」更顯不凡

台灣癌症基金會副執行長／蔡麗娟

　　認識家莉的時間雖然不算長，但是合作的時間卻是很多。跟家莉的合作過程中，每次的溝通都很愉快且有效率，漸漸的我們的合作就越來越多。

　　第一次見到家莉是在一個藥品價值評估政策研討會，她是會議主持人。我看著台風穩健、思路清晰的她，即席做出每位演講者的重點整理，並引導參與者發問與討論；不只是讓會議進行流暢，更讓會議形成共識與決議，讓參與者都有收穫。我不禁問主辦單位，「你們從哪裡請來的專業主持人，怎麼以前都沒見過？」主辦單位不禁莞爾的告訴我，她是國際藥廠的處長，今天義務來幫忙。

　　後來家莉任職的藥廠，要舉辦「病人關懷活動」，她希望能和台灣癌症基金會一起關懷癌友，和宣導「蔬果 579」

的防癌觀念。那是一個很冷的初冬下午，家莉和她的同事們一起為癌友做環保袋，和學習「蔬果579」的觀念；他們專注的學習、充滿熱情的工作與笑聲，不僅溫暖了我們同事的心，也種下了台灣癌症基金會和家莉公司繼續合作的種子。

接下來的兩年，我們一起帶癌症病友和家屬及志工們去放天燈；讓癌友、家屬和志工們感受到祝福與希望。家莉和她的同事們，不僅全程陪伴、照顧癌友放天燈；還用更具體的行動幫助癌友，他們舉辦了企業內的「騎腳踏車為癌症新藥研發募款」的活動，透過內部的宣傳溝通，號召超過7成的員工加入，也募集超過原定募款目標的基金。

在合作過程中，我們有非常多的溝通互動，我和我的同事們不僅看到她在規劃上的用心，流程中處處「以病友為中心」做為最重要的考量，並在許多細節處看到她考慮到所有參與者的需求；更重要的是，她總是不厭其煩地花時間來了解所有參與者的期待、困難，很有耐心地透過溝通讓大家都看到活動的價值，並積極參與。當時我就想，這麼懂溝通的人，一定要請她來幫助基金會，推動癌症病友權益的倡議活動。恰巧2020年，家莉決定離開國際藥廠，展開斜槓人生，我立刻就請她來幫忙基金會的倡議活動規劃。每次的討論，她總是結合理論和實務經驗，給予最專業的建議和指導。家

莉總是說：「溝通需要雙方彼此多了解，配合對方的溝通習慣，才能讓對方聽得到、聽得懂。倡議的成功關鍵是雙贏，而且是讓被溝通者先贏。」和她這些年的合作中，不僅看到家莉在「溝通」這件事情上的細膩規劃，也看到她如何進行有效溝通，更特別的是她著力於創造雙贏，要雙方都能達到共同目標，這真的是非常好的策略。

聽到家莉將自己在公共事務、商業行銷、政策倡議等方面多年的珍貴經驗化為文字，寫成書籍分享給大家時，就很期待看到這本書。當我在書裡看到她提到「做到四個步驟，其實溝通也沒那麼難時」，再看到她大方的分享自己曾經執行過的溝通案例，看懂了之後，讓我似乎也感受到溝通不再那麼難的感覺。更特別的是，家莉深知與時俱進的道理，在案例分享中，她同時提到在「傳統媒體」與「社群媒體」各自盛行的時代，如何做好溝通的祕訣，讓人感受到她的專業與不斷自我學習成長的努力。

推薦大家來看這本書，我想對於做行銷或是倡議多年的朋友們，這是一本很棒的參考書；對初入行銷界或倡議界的朋友們，這是一本能協助你思考，激勵你勇敢踏出溝通第一步的書。能夠用到書中的方法去進行溝通，應該可以不再為是否能有效溝通傷透腦筋了！

做對四個步驟，
其實溝通也沒那麼難

「溝通」每天都存在於我們的生活之中，和家人的溝通、朋友的溝通；還有和主管的溝通、同事的溝通、客戶的溝通，以及消費者與社會大眾進行「商業溝通」。從事溝通工作這麼多年，我一直覺得每天、每次的溝通，都會有新的驚喜，也都有學習。

我一直認為溝通是一門藝術，因為就算跟同一個人或同一群對象溝通，我們無法 100% 的複製上一次成功的溝通經驗，因為我們溝通的對象是人，不是機器。人有千百種，而且每天心情不同，每次溝通時的心理狀態不同；因此溝通就是個動態進行過程，不能複製之前的成功模式，也無法輕易地預測對方會有什麼反應；必須跟著溝通的發展，隨時調整溝通的策略與訊息，但這也正是溝通好玩之處。

但如果試問大家：「溝通容不容易？」，我相信大概會有 95% 的人認為溝通很困難，而這裡的「難」就在於如何了解你的溝通對象，要怎麼樣讓對方接受你的想法，做出你想要的行為。這個過程因為是動態的，彼此的情緒、當下的環境，以及有沒有第三者、第四者、第五者加進來，這些都有可能增加溝通的困難度。

　　這些年來，我從事了各式各樣的溝通工作，包括企業內部溝通、行銷溝通、社區溝通、政策溝通，以及和不同的利益相關者（stakeholder）溝通，從這些經驗當中，我整理出溝通的四個關鍵步驟。如果能掌握到這四個關鍵的精髓，不敢說 100%，但至少有 80% 的溝通會有成功的機會；因為這麼多年來，我就是依循這樣的關鍵步驟進行每一次的溝通。

　　很開心有這個機會，時報出版社邀請我把自己這麼多年來的溝通心得，以及一直以來在課堂上跟同學、職場上與同事分享的溝通觀念，藉由這本書讓更多對於溝通有興趣、有需求的朋友們分享。希望這本書對大家來說，是本輕鬆閱讀但又能幫助你在實際生活和工作中，進行更有效溝通的工具。最後，感謝帶領我在溝通路上成長的孔誠志先生、戴毓

川先生以及在工作上一路協助和支持我的長官、師長與前輩們，特別是那些提供許多挑戰，鞭策我成長的長官與客戶，以及我的家人對我的無條件支持。

01

掌握溝通訣竅，
創造雙贏契機

Communication
Master

攝氏 38 度炎熱夏季午後，小明來到陌生的小島上，又熱又渴的他，走進一家小雜貨店買飲料解渴。不喝含糖飲料、又是標準咖啡控的小明會買什麼？。

情境 1：小明走進店裡，唯一認識的飲料是知名的 C 牌含糖可樂。

情境 2：貨架上同時陳列熟悉的 C 牌含糖可樂，還有礦泉水。

情境 3：除了 C 牌含糖可樂、礦泉水外，也販賣知名品牌咖啡。

猜猜看，小明會如何選擇？

在這個故事裡，處於情境 1 的時候，小明應該選擇 C 牌可樂，因為對於我們來說，「認識」是重要的，「認識」是信任的第一步，所以在情境 1 中，大多數人會選擇購買熟知的品牌。但到了情境 2，多了一個選項，答案就進入另一個層次，也就是小明對這項產品的「認知」與「認同」影響他的選擇，因為小明不喜歡含糖飲料，所以他應該會選擇礦泉水。

情境 3 中出現第 3 種飲料——知名品牌咖啡，因為小明是咖啡控，可能很快的在這三個選項中選擇咖啡，這是「認同」的問題。

但是在這三種情境中，最終讓小明付諸行動的選擇，還有另一個重要的關鍵因素，就是飲料的價格以及他身上帶了多少錢。雖然小明不喜歡含糖飲料，但若礦泉水和咖啡的價格，遠遠超過他所能負荷的，為了解渴小明還是只能喝含糖可樂。

「溝通」是管理與行銷的重要工具

在商業框架下，商業溝通的真正目標是讓被溝通對象對於溝通訊息、溝通目的有正確的認識和理解，然後做出對雙

方都有利的決定和行動。但要達成最後目標的過程中，從開始知道、認識、認同，到最後付諸行動，也有層次的不同，正如同小明在陌生小島上選購飲料的過程一樣。

基本來說，「商業溝通」可以分為兩部分，一是組織內的溝通，一是組織外的溝通。

組織外的溝通為大家所熟知的就是行銷溝通，也就是與消費者之間的溝通；另外一種是客戶管理，與特定客戶之間的溝通；第三種是和社會大眾及利益相關團體，如壓力團體、社區、非營利組織（NPO）及非政府組織 （NGO）等的溝通。

從行銷面來看，好的溝通可以幫助消費者認識你的產品，喜歡你的產品，甚至願意購買你的商品，進而成為忠誠的消費者。與客戶及所有利益相關團體溝通也是如此，透過好的溝通能讓你順利取得他們的理解、信任及協助，進而創造雙贏的結果。

組織內溝通，也分為三類：

(1) 向上：向上管理是上班族重要的功課，要做好向上管理，除了能力、責任外，最重要的就是如何透過有效溝通，爭取主管（們）的認同與支持。

⑵ 向下：建立團隊的向心力，打造高效率團隊，倚靠的是領導力。溝通正是領導力中最重要的一環。

⑶ 同儕：在組職中要能成功，同儕的協作也是關鍵。有一位朋友總是哀怨的說她得不到其他同事或同儕的幫助，而且懷才不遇，一直無法升官。或許她真的是運氣太差，但更有可能的是，沉浸在「小媳婦」情緒中的她，缺乏有效溝通的能力。

無論是組織內或是組織外的溝通，都會出現四種情境：
⑴ 一對一的溝通：例如我跟老闆的溝通、我跟一位同事或部屬的溝通、我跟一位客戶的溝通，或是我跟一位客戶的談判。

⑵ 一對多的溝通：這種在行銷上面最常見。一項新產品上市後，當然希望能夠爭取最多的消費者的認同，進而產生購買行動並建立忠誠度，這就是一對多的溝通。企業建立企業形象，以及企業要爭取員工的向心力，也是要透過一對多的溝通方式。

⑶ 多對一的溝通：這是一種很有趣的溝通情境，例如很多飲料都希望能在便利商店銷售，但是便利商店可能只會採購其中的一種飲料；或是許多男生同時追求一位女生；或是許多人應徵一個工作。這是屬於「買方」市場的情境，「賣方」得使出渾身解數來爭取「買方」的青睞。

⑷ 多對多的溝通：這種溝通情境，比上述的溝通情境們更複雜，也更有趣。因為在同一個溝通的環境下，有許多參與者。例如，這幾年流行 SUV 休旅車，各大車廠都推出休旅車，且鎖定青壯年消費者。車廠為了爭取業績，紛紛推出各項行銷活動及價格優惠方案，而且往往一家車廠推出一個新的具有吸引力的方案，競爭對手很快的就會推出類似，或是更好的方案。

這種情境看似對消費者很有利，因為是「買方」市場。然而，青壯年人口很多，車廠可以將目標消費群體進行細分，再針對特定的「分眾」進行溝通。若你剛好不是車廠鎖定的「分眾」，那麼車廠也未必會「讓利」給你，畢竟車廠不會為了

一個非主要客群的消費者，打壞自己在主要客群
心目中的訂價與定位。

▶ 找出有效的溝通方法，讓你無往不利

　　無論是組織內或外的溝通，或是哪一種情境，要達到溝
通的目的，最重要的就是要確保溝通是「有效」的。溝通無
時無刻都在進行，沒有人數及形式的限制，但並非每次溝通
都能順暢、成功。因為我們要溝通的對象是人而非機器，無
法像生產一枝蠟筆，只要把原料放進機器，經過機器運轉，
就能做出成品。溝通也不是快時尚，只要運用大數據找出消
費者喜好和流行趨勢，就可以快速生產，複製衣服。溝通比
較像是高級訂製時裝，雖然價格不菲，而且需要等上一段時
間才能製作完成；但是這件為你量身打造、客製化，手工裁
縫的衣服會留在你的身邊很久，你對它的重視和珍惜程度也
遠比快時尚的衣服來得高。

　　如同在網路世代中，人們很多事情都在網路平台上解
決，也出現了智能客服機器人。雖然機器人很流行、很便
利，也可能節省人力成本，但仍然有許多廠商或組織推出真

人在線服務。為什麼這些單位要給自己找「麻煩」呢？因為在溝通過程中，人會冒出很多想法，可能每分每秒都在改變，甚至我們講的一句話、被溝通對象身邊的環境，都會改變被溝通對象的認知。

溝通會受到自己的經驗、情緒及許多其他因素影響。更

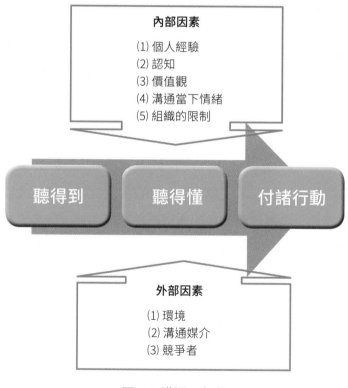

圖 1-1 溝通三部曲

重要的是，人與人之間有溫度的溝通才會讓被溝通對象感受到「尊重」。你是否有過這樣的經驗：不管你在線上如何提問，機器人的答案都是一樣的。如果經過 10 分鐘跟機器人「奮戰」，卻還是沒辦法得到你需要的答案，你會怎麼做？離線？打電話給真人客服？還是直接把這個廠商加入黑名單？

溝通說難很難，說簡單也很簡單，只要掌握有效溝通基本原則和邏輯，就可以幫助我們在眾多雜音中，找出有效溝通方式。有效溝通最重要的就是掌握「溝通」三原則，讓目標對象：聽得到→聽得懂→付諸行動。就像故事中的小明又熱又渴，在看到飲料（聽得到）後，雖然在情境三中有他喜歡的咖啡（聽得懂），但是身上沒有很多錢、在飲料價格很貴的情境下，依照人們與生俱來就有趨吉避凶的本能，自然會驅使他選擇自己能負擔的商品（付諸行動）。這基本的邏輯，我們可以用上頁圖 1-1 來讓大家了解。

▶ 溝通鐵律——聽得到、聽得懂、付諸行動

有效溝通的第一件事，確定對方「聽到了」。不管是用

聽、用看或是感受；也不管是直接或是間接，你想傳達的訊息，必須被「聽到」，否則就是對牛彈琴。當被溝通對象聽到後，還要確定他是否「聽懂了」，不然就是雞同鴨講，最慘的是被溝通對象會錯意，產生誤解或採取錯誤的行動。最後一件事，就是要讓被溝通對象「認同」我們所提供的訊息，對他有「趨吉避凶」的價值，他才會願意採取你希望的做法和行動。

💬 有效溝通第一步：聽得到

「聽得到」是第一步，其實我們的老祖宗們非常有智慧，很早就找出各種讓對方「聽得到」的方法。

例如早年為了抵禦外族來犯，在邊境設置烽火台，透過狼煙來傳遞訊息。現在非常流行的天燈，其實是三國時期的孔明燈，也是諸葛亮傳遞軍情的工具。除了作戰、防禦，我們的先祖也透過歌聲傳情和傳達訊息，好聽的客家山歌就是最好的例子。

那麼在現在資訊爆炸、氾濫的情況下，要如何確定被溝通對象「聽到」你講的事情呢？

不管在組織內或組織外的環境，大家一定都有過這樣的

經驗：開會的時候有人神遊，人坐在會議室裡，心不在、耳朵也不在，最典型的狀況是被點名回答問題時的回覆是：「可以再說一次嗎？」或是答非所問。尤其防疫期間，很多企業採用線上會議溝通，如何確定所有參與者都在聽呢？

　　仔細想想，自己是否也曾經進入線上會議之後，就將電腦或手機調成靜音然後啟動多工模式，處理手邊的業務或趁隙喝水、去洗手間。

　　試想，如果每個人都啟動多工模式，怎麼能確定參與會議的人都正確聽到完整的訊息？如果大家都沒聽到，或是聽到不同的片段，這樣的溝通對被溝通對象來說豈不是如同瞎子摸象嗎？

　　被溝通對象沒聽到，其實是溝通者的責任，可能是溝通能力有待加強、溝通方法不對；或是溝通內容無趣，讓人昏昏欲睡。也有可能是溝通的時間、地點或方式不對。不知道你是否跟我一樣，曾經因為掌握到跟自己專案相關的重大訊息，立刻衝去跟主管報告，結果主管心不在焉，講了半天像是說給空氣聽，當下心中的挫折實在無以名之。事後發現當天主管正在處理棘手的問題，腦中早就沒有空間裝我的「重大訊息」。

🗨 有效溝通第二步：聽得懂

確定對方「聽得到」之後，還得確定他「聽得懂」。舉例來說，不少跨國企業會使用英文進行線上會議，如果碰巧你的英文能力不好，對方講了半天，你卻有聽沒有懂。反過來說，也可能是你講了半天，對方沒聽懂。早年我剛進入外商工作時，未曾出國留學的我，英文能力不夠好，就曾經碰到這樣的挫折。準備了非常多自己覺得很精彩的策略，但當我報告時，卻發現現場反應不佳，原因是部份英文用法不正確，語言限制了我表達自己的想法，聽眾也無法正確理解我想要傳達的訊息。

再舉一個例子，「毒品 /Drug」和「有毒物質 /Toxicity」其實是兩件事。我任職於菸草公司時，媒體報導香菸含有毒物質，有害身體健康，身為公關主管的我，第一時間跟總經理報告，但因一時心急，脫口而出說到「媒體寫菸品是 Drug」，總經理當場被這個字嚇呆了！因為香菸雖含有有毒物質，仍是合法商品，但毒品可就是違法商品了。這麼糗的例子正可以說明，用錯字詞，就會讓溝通內容出現重大錯誤。

「聽得懂」的挑戰不僅出現在不同語言的障礙上，就算

同樣是中文，同樣一句話，也可能出現 180 度不同的解讀。例如，在 2016 年流行的網路用語「87」。流行的開端是一位網紅使用「87」來代表「霸氣」，「87 分」就是說「太霸氣了不能再高啦！」因為是網紅說的，很快的就在台灣的 PTT 版上成為熱門用語。很多人看到有趣的貼文，或是要稱讚自己的朋友，就會說「87 分不能再高啦！」但是後來，有人認為「87」跟台語的「白癡」發音很接近，「87」就從一個稱讚人的話，成為罵人的話了。這個例子顯示，就算溝通雙方使用同一種語言，但在不同的時空環境，同樣的語彙被賦予的意義未必是一樣的，因為語言、辭彙能反映出當時社會結構與價值觀。

錯用溝通工具也可能是「聽得懂」的障礙。現在社群工

（自己的經驗）　　　　　（自己的經驗）

圖 1-2 編碼及解碼（Coding & Decoding）

具發達，很多人使用即時通訊軟體，如 Line、微信（WeChat）來溝通；或是透過社群媒體，如臉書（Facebook）、推特（Twitter）、IG 來表達自己的意見，也因此被社群媒體訓練的習慣用很簡短的文字或圖像來表達意念。但透過短短的文字、影像是否能夠清楚描述真實的感受、情境呢？尤其是對原本不熟悉的人要進行有效溝通，就更加困難了。

因為溝通本身就是一個「編碼」和「解碼」的過程。溝通的雙方或多方，都是依據自己的經驗、認知來進行「編碼」和「解碼」。若大家的經驗不同，自然就會產生「聽不懂」的障礙，如圖 1 － 2。

有效溝通第三步：付諸行動

經驗、認知除了影響是否「聽得懂」，更是被溝通對象是否願意付諸行動的重要關鍵。以 2020 年肆虐全球的 COVID-19 為例，台灣是受到世界肯定的防疫模範生，除了政府的防疫政策外，台灣人民積極的配合戴口罩、勤洗手，甚至少出門，維持社交距離更是台灣防疫成功的重要因素。為什麼台灣人這麼「認真」，毫無怨言的遵循政府「戴口罩、勤洗手、保持社交距離」的規定呢？這是因為台灣有 SARS

的慘痛經驗，我們「認知」到保護自己和心愛的人最好的方式就是口罩戴好戴滿、隨時噴酒精殺菌、用肥皂或乾洗手來洗手。

反觀美國，向來追求自由、人權的美國人，會為了抗議政府的戴口罩政策上街抗議，甚至舉辦 COVID-19 派對，最主要的原因除了沒有 SARS 的經驗外，美國人本身的價值觀以及輕忽 COVID-19 的嚴重程度也是主因。前美國總統川普確診罹患 COVID-19 立刻入院隔離治療，但他出院回到白宮後，居然在媒體面前摘下口罩，有人因此攻擊川普做了最差的防疫示範。但若不是因為英雄主義是美國的主流價值之一，聰明如川普，就算再狂妄，也不會在距離 2020 年美國總統大選只剩 30 幾天的時候，做出這種行為。

影響我們編碼和解碼關鍵因素，可以分為內部和外部兩方面。內部指的是溝通者的自身經驗、對參與溝通者及溝通事物的認知、本身和所處團體的價值觀（因為我們是群體動物，習慣依循團體的共同價值觀行事）、當下的情緒及組織的限制。同樣一句話，不同的人說，效果不同。同樣的一句話，我們心情不同，聽到的訊息也會不同。同樣的事情，身處不同的位置，就有不同的解讀，我們常聽到「換了位置就換了腦袋」就是這個道理。

外部因素主要有三個：環境、溝通媒介及競爭者。環境主要是指職場／團體的環境及社會的環境。例如溝通者所處的社會或是公司文化是否限制了他的溝通方式與頻率？有些公司非常鼓勵跨部門、跨職級、跨國界的溝通，甚至主動創造溝通機會與平台。這類公司或組織內的人自然比長期處在不鼓勵溝通的企業與組織內的人樂於溝通，也較善於溝通。就像共產國家的人民或許精通美麗的詞藻，卻培養不出能撼動人心的偉大演說家。

溝通媒介也會影響溝通的方式與效果。在眾多社群媒體中，臉書曾經是年輕人的最愛，但現在，IG、抖音、Podcast才是年輕人的好朋友。再過幾年，也許 IG、抖音、Podcast 又會被其他新的媒介所取代。目前唯一確定的是，如果現在想跟年輕朋友溝通，臉書的效果已經大不如前。拜川普之賜，推特已經成為世界各國政治人物的愛用品，現在寫政治新聞和評論的媒體，甚至網紅，如果不隨時注意推特，恐怕就落伍了。

除了很少數的情況，整個溝通過程及情境中，幾乎都會有超過兩個以上的參與者，參與者越多的溝通越複雜，因為每位參與者的目標、立場、經驗和認知等都不同，也因此容易出現彼此競爭或是矛盾的訊息，也增加溝通的困難度。在

商業環境中，這樣的挑戰更須妥善處理，因為有效溝通的成功基礎是「信任」，當溝通無效時，參與者們自然而然會對彼此的立場和誠意產生質疑。「信任」就像玻璃，需要花很多時間形塑，但很容易在一夕之間被打碎。

💬 溝通案例 1：
特斯拉罔顧客戶權益，信任粉碎覆水難收

2019 年 3 月，國際智慧型電動車大廠特斯拉（Tesla）無預警宣布降價，且降幅很大❶，消息一出，讓車主大感錯愕與不悅，剛入手新車的消費者更是欲哭無淚，國內也有車主到特斯拉台灣總部舉旗抗議。

可以想見的是，特斯拉若提前發布降價訊息，一定會有客戶抱持觀望態度而不下訂，因此特斯拉決定臨時宣布大

---

❶ 美國電動車大廠特斯拉 2019 年 3 月 1 日將旗下旗艦車款 Model S 與 Model X 無預警全球大降價，降幅超過 5 成，引起先入手的車主跳腳，也衝擊二手車市場價格。令車主不滿的是大降價之前，創辦人馬斯克在推特上以「推薦人優惠代碼將取消」、「75D 即將停產」等行銷手法，鼓吹消費者購買，因此突如其來的降價讓利，不但沒有取悅到車主，還傷害到品牌形象。

降價，而且並未對已購買及近期購買的車主提出任何補償措施。這對於支持特斯拉的車主情何以堪？那些不曾因為特斯拉的車子在行駛期間曾發生意外而背棄該品牌的粉絲們，卻在特斯拉宣布大幅降價後離開了它，因為特斯拉的「溝通」粉碎了特斯拉粉絲們對它的信任。

溝通案例 2：
未獲被溝通對象支持，健保政策急喊卡

　　回到國內也有相似的案例，中央健康保險署在 2020 年 6 月宣布，同年 8 月 1 日起 8 大類的醫療器材自付差額將有上限❷，消息一出，立即引發各界爭論，最後甚至由總統蔡英文親上火線宣布該政策暫緩，紛擾才得以暫時平息。這件案例值得注意的是，與特斯拉無預警降價不同，本案其實是

---

❷ 鑒於醫材市場價格紊亂，廠商或醫院對健保自費差額上限有意見，中央健康保險署於 2019 年 6 月公告，醫療器材自 8 月 1 日起設定自付差額上限；據統計，在醫療院所有登錄提供的醫材中，89% 的價格自 8 月 1 號起需調降。此消息一出，引發醫界怒火，認為此舉可能壓縮醫院經營空間，甚至影響患者的醫療品質，甚至驚動總統蔡英文出面宣布暫緩實施並責成衛福部與各界溝通。

預先公告價格將下修，如果需要採用人工心臟、支架、髖關節、人工水晶體等器材，病人的自付差額設立上限，也就是說，幾乎所有的產品都會降價。這個看似對病患有好處的政策，不但沒有獲得病患的支持，還引起醫界不快，導致政策喊卡、暫緩，成了另一個溝通不良的例子。

溝通案例 3：
掌握溝通訣竅，Airbnb 順利完成雙贏裁員計畫

有人溝通不良，卻也有人掌握了良好溝通技巧讓計畫順利推動。例如近年來共享經濟發展的代表之一「Airbnb」。

2020 年受到 COVID-19 疫情衝擊，疫情之初全球大多數國家幾乎都進入鎖國狀態，Airbnb 受到大量用戶取消訂房的影響，整季營收衰退，經過努力自救後，仍無法紓緩困境，終於做出裁員 25％，約 1900 人的決定[3]，幅度之大，震驚新創業界。聯合創辦人兼執行長切斯基（Brian Chesky）在疫情之後於線上發布對員工的第七封公開信，也迅速在全球流傳開來。

信中，切斯基以溫暖懇切的關懷語氣，首先直接承認公司正處於嚴峻的困境，同時從員工的角度出發，向即將離職

者道歉，表示裁員決定和工作表現無關，也感謝離職者過去的付出。在用詞上以「成員」替代「員工」、以「溝通」取代「告知」，避免成為冷血的裁員通知信。

Airbnb 更針對這些曾是戰友的資遣員工提出五大支援，如：公司建立「人才名冊（Alumni Talent Directory）」，打造全新網站讓即將離職的員工上傳個人資料與簡歷，做為其他企業想要挖角可參考之用。也成立專門的「人才安置團隊（Alumni Placement Team）」與「RiseSmart（從事職業過渡和工作安置服務的公司）」，協助職涯轉換相關諮詢，協助同仁盡快找到下一份工作，以及在職員工協助介紹工作機會等等。

切斯基盡可能為員工設身處地著想的態度，以及超前部署的資遣準備，不僅打破企業裁員就被罵翻的慣例，還被冠上「最暖執行長」的封號，這正是完美溝通的最佳範例。

---

❸ Airbnb 創辦人 Brian Chesky 於 2020 年 5 月宣布，因 COVID-19 疫情對旅遊業造成極大衝擊，Airbnb 將裁員集團員工 25%，約 1900 人，他特別寫了一封信給被資遣的員工，信中從決定裁員過程、遣散補償方案、股權、醫療保險到工作支援皆鉅細靡遺做了最真誠的解釋，並表達對員工的珍惜及資遣的無奈，令被裁員的員工因深獲尊重而倍感動容，這件事也為 Airbnb 贏得許多讚美。

透過有效的溝通，可以建立與被溝通對象之間的信任。在信任的基礎上，有效溝通可以幫助商品建立品牌知名度、品牌價值、創造和增進消費者的購買意願；在事件中倡議層面，可以爭取目標對象支持的力量；在人際互動上，可以建立並強化夥伴關係。

在認識溝通三步驟以及掌握避免溝通產生障礙的訣竅後，做好溝通的第二件事就是認識你的溝通對象，接下來第二章，將以「利益關係者分析（stakeholder analysis）」為主題，認識你的被溝通對象，找出溝通的最佳方案。

掌握溝通訣竅的五件事

(1) 讓被溝通對象認識、理解溝通訊息和目的，做出雙贏的決定與行動。

(2) 學會溝通增加管理技能。

(3) 做好組織內外的有效溝通。

(4) 不僅要做好組織內向上、向下和同儕的溝通，也要做好與消費者之間、與特定客戶之間、與社會大眾及利益相關團體的溝通。

(5) 溝通鐵律——聽得到、聽得懂、付諸行動

Communication
Master

02

認識你的
利益相關者

Communication Master

第二章開始之前，我們先暖暖身，一起來玩「連連看」。

「連連看」的場景是在一個房間，桌上擺著四瓶酒：冰涼的啤酒、上好的香檳、法國勃根地紅酒和陳年威士忌。

四個人陸續走進這個房間。第一位是 20 多歲、滿頭大汗的大男孩；第二位是剛剛拿下大案子很開心的上班族；第三位是優雅迷人的法國女士；第四位是成功的美國職業律師。

哪個人喝哪瓶酒，你會怎麼選？

在這個「連連看」裡，很多人的連法是，滿頭大汗的大男孩選啤酒；剛拿下大案子的上班族則選了香檳慶功；優雅的法國女士選擇紅酒；或許是因為美國影集中律師經常喝威士忌，所以美國律師就連到威士忌。

但真實的狀況一定是這樣嗎？可能是，也有可能不是。這幾個連連看的選項可以產生不同的組合，每一種組合都可以成為我們對溝通對象認知假設的例子。也許跑得滿頭大汗的大男孩是為了來拿桌上的威士忌，優雅的法國女士也可能喜歡喝冰啤酒啊！

所有溝通的方法和訊息都是根據對溝通對象喜好的假設而來。如果假設是對的，接下來的溝通就會順利；相反的，若假設是錯的，溝通就可能失敗。由此看來認識溝通的目標對象，在整個溝通的過程中就變得非常重要。

做對溝通假設，一杯咖啡也能顛覆超商冠軍寶座

2019 年台灣的便利超商有一個非常經典的行銷學案例：「一杯咖啡讓全家便利超商打敗了 7-Eleven」。7-Eleven 自成立以來一直是台灣便利超商的龍頭，不管是店家數目、經營方式，或是產品型態，總是走在同行的前面。然而，全家

便利超商卻以一杯咖啡改變了這個狀況。

最早推出咖啡寄杯的是 7-Eleven，但是只能在單店以手寫方式寄杯；最早推出超商會員 APP 也是 7-Eleven。全家雖然比 7-Eleven 晚了一年才推出 App，但根據 2020 年 6 月媒體報導顯示，全家 APP 會員數約 1300 萬名，將近是 7-Eleven 的 750 萬名會員的 2 倍。全家 App 會員的成功因素很多，但其中一個關鍵因素是全家的咖啡寄杯可以全省通用。當喝咖啡已經成為一種生活型態時，上班前想喝杯咖啡，中午休息時也想來杯咖啡，累了、渴了都會想喝咖啡；更重要的是，當便利商店推出座位區的服務，就搖身一變成為最便利的咖啡廳。如果咖啡寄杯依然只能在特定店家購買和領取，這對消費者是否太不方便了呢？全家便利商店憑藉著對消費者喜好和需求的正確認識，以一杯咖啡打敗了多年的強敵，2019年光是「隨買跨店取」的咖啡寄杯這項業務即成功創造 20 億的業績。

決策者和影響者都是利益相關者

誰是我們的溝通對象呢？從上面的例子看起來消費者

好像是唯一的溝通對象。其實，溝通的目標對象就是利益相關者（stakeholder），可分成兩大類：一類稱為決策者（decision maker），就是最終你希望他做出決定或採取行動的人；另一類人則稱為影響者（influencer），是會影響決策者做決定的人。這兩類人都需要溝通，因為決策者通常不僅會自己做決定，也會聽取影響者的意見；尤其是在重大的事情上，決策者通常都會聽取「多方」意見，而這「多方」也僅限於對他有影響力的人，也就是我們在溝通上的「影響者」。

舉例來說，受到 COVID-19 疫情影響，2020 年暑假民眾不能出國旅遊，只好改變計畫參加國內旅遊。但到底去哪兒好？台東？墾丁還是澎湖？這時候，計畫與你同行的朋友或家人可能會有意見；還有其他朋友告訴你，墾丁太熱、遊客太多了，不要這時候去湊熱鬧，台東正在舉辦「熱氣球嘉年華」，值得體驗；然後，手機新聞 App 跳出訊息，澎湖人抱怨遊客太多，連當地人都沒有魚能吃了；接著，你很自然的就打開了谷歌大神，搜尋一下台灣祕境，網美打卡點，或是旅遊部落客的分享，試圖找尋最適合的旅遊地點。

由此，不難發現你這位「決策者」持續受到身旁「影響者」們的影響，這也說明在溝通的時候，不是只需要跟決策

者溝通，在某些特定的情境之下，影響者也是很重要的。

決策者不會永遠是決策者，影響者也不總是影響者

決策者和影響者彼此關係密切、錯綜複雜，互相影響，而且在不同的事件、情境下，對於同一個決策者來說，也會出現不同的影響者。

回到全家便利商店的例子，當咖啡控的你看到同事可以在全台的全家便利商店寄杯咖啡，你還會留下單一家 7-11 寄杯嗎？你的同事同時是決策者也是影響者。

再以「醫療行為」為例，醫生和病人各自扮演決策或影響的角色，端視情境而定。若是病患自費醫療，因為是病人要自掏腰包，是否要開刀？做什麼樣的治療？醫生只能給予建議，但不能幫病患做決定，「決策者」絕對是病人或者是他的家屬；但是若沒有醫生這位「影響者」的專業建議，病人和家屬恐怕也難以做出正確的決定，甚至不敢做決定。但如果事件情境轉換為健保給付醫療，病人表達願意接受治療的意願後，就算病人事先收集了很多資料，並積極跟醫師討論治療的方法，但是只有醫生才可以決定採取何種治療方

式，以及要採用那種藥物，所以在這個情境下，醫生就是這個事件的「決策者」。

同樣是健保給付，也有另一種情境是醫生告知病人必須接受手術，否則將有需要終身洗腎的可能性，但還是有病人說不要開刀，這時候病人是「決策者」，醫生只是「影響者」。那麼影響者這個角色重不重要？當然很重要啊！因在這麼重大的事件中，決策者必須依據影響者提供的正確建議、正確資訊，幫助他做出正確的決定。

「影響者」對「決策者」產生影響力

再以「振興三倍券」為例，是政府因應 COVID-19 疫情造成的經濟衰弱，為了振興經濟而發行消費專用券，提供每一位申請的中華民國國民及其有居留權的配偶，支付 1000 元預購費才能取得。但發送及使用之初，引起不少討論或爭議，例如民眾得先支付 1000 元現金，才能領取 3000 元消費券；在哪裡可以領取三倍券？三倍券的使用辦法？三倍券可不可以找零？小店和夜市的小商家們要如何將三倍券換成現金等等，都讓民眾聽得霧煞煞。有些學者專家們覺得政府應該直接發消費券，或是像美國一樣直接發現金給大家，因為

印刷和發放三倍券的成本遠高於直接發放現金給人民。一時之間，媒體上充滿了三倍券的各種討論，正反意見都有。

在這個案例中，決定發行振興三倍券的「決策者」就是總統、行政院長。被使用規則搞得滿頭問號的人民、商家、夜市小老闆；覺得發放現金比印三倍券對民眾幫助更大的學者專家們，和報導三倍券使用爭議事件的媒體等，都只是「影響者」。人民、商家、小老闆、學者專家都只能透過另一個「影響者」——媒體來傳達心聲，試圖影響決策者改變遊戲規則，而政府也會透過輿情分析，來適度調整施政方

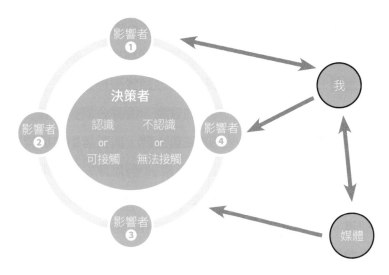

圖 2-1 決策者跟影響者間的關係

向，這就是「影響者」對「決策者」的價值和影響力。

商業溝通的情境中，包括對消費者的行銷溝通；組織內跟長官、同事、部屬的溝通；企業與員工的溝通；跟客戶或政府的溝通；跟社會團體 NGO、NPO 或社區的溝通等等，也包括了商業談判。

不管在上述哪一種情境，溝通的終極目標都只有一個，就是希望能讓溝通對象「欣然接受」我們的提案、建議。如同我們前一章所說，只有在「雙贏」的前提下，才能達成有效溝通的目標。而要創造「雙贏」就必須學習我們老祖宗的智慧，遵從孫子兵法所說的「知己知彼，方能百戰百勝」。認識並了解你的「決策者」與「影響者」就是知己知彼最重要的一步。

通常來說，除了行銷溝通時的廣大消費者，大部分的「決策者」是我們可以直接接觸到的對象，但許多「影響者」可能是我們不認識，甚至連「決策者」自己都不認識或是無法直接接觸的人。就以前面的旅遊和振興三倍券的例子來看，身處網際網路時代的我們，只要敲敲鍵盤，不認識或虛擬「影響者們」就出現了；甚至在資訊爆炸，每天都有各種社群媒體主動向我們推播訊息的年代，就算我們不主動敲鍵盤，許多訊息也會主動撲向我們，影響我們對事情的判斷和喜好。

如何認識你的利益相關者？

　　因此在溝通的世界裡，需要了解的有三類人，第一類是做出決策的決策者，第二類是接觸的到、認識的影響者，第三種是不認識的影響者。接下來我們就來看看要如何認識、了解這三類人。

　　基本上我們要了解利益相關者有非常多種的方法，最科學化的方法就是透過調查了解。一般的調查研究可分為三大類，第一大類是桌面研究（Desktop research）、文獻回顧法（Literature review），第二大類是意見調查（Survey），第三種就是現在最夯的大數據（Big data）分析。

文獻回顧關鍵祕訣：廣搜訊息，精確求證

　　拜科技之賜，現在不論是進行哪一種調查，都比以前容易，但是仍然要注意資訊的正確性及有效度。例如，使用桌面研究及文獻回顧法時，透過網際網路的關鍵字搜尋，我們可以在短時間內收集到許多資訊，但是，這些資訊卻未必全部正確；而且有些資訊雖然是正確的，卻可能已經過時了，不符合現況。所以做桌面調查或文獻回顧分析時，首先要透

過「精準關鍵字」，才能讓自己在網路上的海量資訊中，找到符合自己需求，且仍具有時效性的資訊。

接下來要進行網路資訊的真實度和可靠度的確認，這是考驗我們的判斷能力。在眾多資訊中，篩選出正確、有意義的資訊並不是一件容易的事，所以很多人喜歡引用他人的科學論文或大眾媒體的報導，而非單獨的一篇網路文章。這不是對於在網路上發表言論的人或社群媒體的不尊敬，而是在海量的網路資訊當中，找到可查證，或者已被他人查證過，如被審核過的學術論文和媒體文章，這些有人幫助把關之後的訊息，內容比較可信，也較具有參考價值。

除了時效性跟正確性以外，還有一個關鍵因素會影響我們對利益相關者的判斷，也就是利益相關者在類似情境中的態度、立場、最終決策、決策的過程和關鍵考量點。因此，做桌面調查或文獻回顧分析時，要透過「精準關鍵字」，搜尋跟個案類似，或關聯性高的訊息，藉此分辨利益相關者做決策時的考量因素及行為模式。我們經常會開政治人物的玩笑，說他們換了位置換了腦袋，每當政府推出重大政策時，可愛的鄉民們就會很快的搜出政治人物「昨非今是」的發言，並廣泛傳播。

就像 2020 年 8 月總統蔡英文宣布開放含瘦肉精「萊克多

巴胺（Ractopamine）」的萊豬時[1]，網路上的各種「昨非今是」的訊息一波一波的傳來。雖然換了位置未必就一定要換個腦袋，但是換了位置，責任、限制，甚至成就動機都可能會不一樣，思考和決策的角度也就自然會不同。

這樣的改變不僅發生在政治人物的身上，小老百姓也是一樣。就以買車為例，我們 25 歲單身的時候，買人生的第一台車，選擇車子的考量，可能是價錢、款式、顏色，甚至是車款夠不夠酷炫。如果喜歡，價錢又合適，可能就買部雙門小跑車。但當我們到了 40 歲，有小孩，還有長輩需要接送，這個時候雙門小跑車可能就不會是我們的首選了。除了

---

[1] 總統蔡英文於 2020 年 8 月 28 日下午在總統府敞廳針對國際經貿情勢發表談話，在致詞中提到她已責成相關部門，在保障國民健康的前提下，依據科學證據、國際標準，訂定進口豬肉萊克多巴胺安全容許值，以及放寬 30 月齡以上的美國牛肉進口。她同時說明她相信，如果能在美豬、美牛的議題上，跨出關鍵的一步，將是台美經濟全方位合作的重要起點，未來我們的經貿戰略，可以更靈活、更有力地展開，因此做出此項基於國家經濟利益，符合未來總體戰略目標的決定。

但此項決定引起國民黨立委質疑，2009 年蔡英文擔任民進黨主席，曾親自參與「反毒牛、反出賣、反欺騙」遊行，反對美國毒牛，當時將美國萊牛當成毒牛並遊行的重要目的，就是要保護全體國民的健康，並高呼「這是民生問題，這不是一個政治問題」。

年齡，還有當下流行的生活型態，例如休旅車以前是住在山區、郊區，或是非常熱愛大自然生活的人的首選，現在卻是各車廠的熱賣款。

意見調查關鍵祕訣：有效取樣提高信度與效度

第二大類是意見調查，目前常見的意見調查，在政治上叫民意調查、在商業上叫市場調查，在公司企業裡就叫員工調查。調查工具和方法學有很多種，受到科技影響，調查已經從面對面的訪談、郵寄問卷調查、電話訪查，發展到線上問卷。不僅節省許多時間，且大幅降低困難度，現在甚至有App可以讓任何人製作自己的調查。雖然科技帶來了便利，但我們仍要注意調查結果的信度與效度。

調查可分為質化和量化兩種。質化研究（qualitative research）通常是藉由深度訪談（in-depth interview）、焦點團體座談（Focus Group）等方式取得資訊，屬於第一手觀察資料。進行質化研究要特別注意，訪談者是否能拋開自己的「認知」，客觀的提問和理解受訪者所表達的意見。因為質化研究的本質，是一種「雙重詮釋」的過程，訪談者依據自己的經驗進行問題的「編碼」，受訪者從自己的經驗進行「解

碼」詮釋，然後再依據自己的經驗進行答案的「編碼」反饋給訪談者，訪談者再依據自己的認知，進行「解碼」的二度詮釋。

　　量化研究（quantitative research）是依據實證主義的觀點，採取自然科學研究模式，先設定一個研究問題或假設，再透過客觀、系統化的調查或實驗，蒐集研究對象的資料，經由資料處理與統計分析之後，提出研究結論，藉以回答研究問題或假設的一種方法。量化研究有三種主要方法，調查法、實驗研究法和相關研究法。最常用的工具為問卷、量表、測驗或實驗儀器。量化研究可以提供所謂「客觀」的數值結果，並可以放大回推，幫助我們了解母群體的態度。所以量化研究是在行銷領域中了解消費者的一個重要工具，舉凡車廠推出一款新車，手機廠商推出一款新手機，連鎖咖啡店推出一款新咖啡時，都可以透過量化研究來瞭解目標消費者對於產品的期待、接受度；對於產品價位的看法；哪個通路最合適，甚至找誰代言最能打動消費者。

　　企業的員工調查也常常運用量化研究。不少企業或公司幾乎每一年都會做員工意見調查，藉以了解員工對於公司的滿意度和忠誠度、對公司策略的了解程度及支持度、對主管的看法，並收集員工對公司的建議等等。有些稱為公司企業

文化調查、有些名為員工心聲調查。不管名稱為何，重點只有一個，就是對公司而言，員工就是公司的利益相關者，公司想了解員工，更想爭取員工的支持與向心力。

　　量化研究的「客觀」數值結果，不僅可以幫助我們了解利益相關者，還可以作為說服利益相關者的有力武器。例如企業調查結果顯示，超過 7 成的員工覺得公司福利不如同行，人事部門或是工會就可以依此要求公司改善福利制度。同樣的，量化的研究也經常被用來在行銷溝通和倡議上面。例如，保險公司會告訴我們現在人們平均的退休年齡、平均壽命來提醒大眾「你的退休金存夠了嗎？」和國人平均的長照支出，以提醒我們「應該買一份長照險囉！」情人節的時候，廠商就會公布「女孩兒最喜歡收到的情人節禮物排行榜」、「男友情人節十大錯誤」等等，來提醒男朋友們趕快來買禮物，而且是廠商為你精心準備的禮物。倡議團體也會透過量化研究來「提醒」政府或是社會大眾，要關注他們所推動的議題。例如動保團體就可以透過 XX% 的人認為政府的流浪動物管理辦法不人道，來敦促政府調整施政方向。如果機車騎士要爭取取消兩段式左轉的規定，也可透過量化研究來「告訴」政府，有多少機車族和非機車族建議取消兩段式左轉的規定；如果不論機車族或非機車族都有超過 7 成以

上支持取消兩段式左轉，政府就會正視這個問題，畢竟政府也常透過民意調查，來調整政策的方向。

　　但完成一份「正確」、有價值的量化研究並不容易。首先，不論是用問卷，還是實驗，量化研究都需要先進行抽樣，而這也是量化研究中最關鍵的一步，如果母群體選擇錯誤，或是抽樣方法不正確，或是樣本數太少或不具代表性，則研究結果很難作為正確推論的依據。問卷設計和實驗設計是另一個成敗的關鍵因素，如果問錯問題，或是實驗設計錯誤，就會產生西方人常說的「垃圾進，垃圾出（garbage in，garbage out）」了。

最夯大數據關鍵祕訣：收集巨量的資料串連大數據分析

　　第三類的研究方法就是現在最夯的大數據分析。因為科技的便利性和無遠弗屆的社群媒體，大數據幫助我們更了解溝通對象。常用社群媒體的你，一定會發現只要你在臉書上點選過某類型的廣告，或是購買某種商品，或是看過某種文章，接下來，你就會收到許多類似的產品的推播廣告，這就是後台大數據正在進行精準行銷。因為在數位的時代裡，「凡

走過必留下數位足跡」。

　　許多企業皆運用大數據執行精準行銷，例如知名的快時尚 Zara，在 2013 年的時候，Zara 平均每件服飾價格只有 LV 的四分之一，但是稅前毛利率卻能比 LVMH 集團還高，達到 23.6%，Zara 成功的關鍵因素之一就是大數據。

　　在全球 Zara 的分店裡，受過專業訓練的店員們，觀察並收集消費者的行動訊息。店經理也會記錄客人的意見，每天至少兩次傳遞資訊給總部設計人員。每天打烊後，銷售人員除了結帳、盤點每天貨品上下架情況，更重要的就是對客人購買與退貨率做出統計，交易系統做出當日成交分析報告，分析當日產品熱銷排名，再把各店收集到的資料，傳送回總部，讓總部透過大數據分析各地區，各產品的銷售狀況，並依此制定並修改設計，並且因地制宜的設定生產數量及行銷策略。

　　網購興起後，早在 2010 年秋天，Zara 就在歐洲六個國家成立購物網站，不僅透過網購的便利性增加營收；更因為網站可以收集巨量的資料和原本的大數據串連，讓 Zara 更能掌握消費者的需求，讓決策者得以精準找出目標市場及行銷策略。

　　透過大數據分析可以幫助我們了解目標對象最常使用

的媒體、最關心的事情和他們的喜好，甚至是價值觀。如果我是一個休旅車的行銷經理，我想知道如何跟我的潛在客戶溝通，我可以透過大數據資料，知道大家在搜尋休旅車資料時，最常使用的關鍵詞，這些關鍵詞，就是我的潛在客戶關心的事情，也會是我的行銷溝通重點。

個人經驗觀察法，即時需求最適用

還有一種了解利益相關者的方法，就是根據自己的經驗觀察。這是所有方法中最不科學的，但不代表沒有用；相反的，在某些狀況下這個方法可能最直接、最有效或是最正確。尤其是在商業談判或是組織內部溝通時，自己的觀察與經驗，往往可以提供第一手的訊息，幫助我們做出及時和正確的應對策略。

運用這種方法要格外慎重，因為身為觀察者的我們，如果不能客觀和冷靜的觀察，會造成我們戴著有色眼鏡去解讀被溝通者的行為、語言或反應，因而做出錯誤的判讀。經驗觀察法最好能搭配其他科學研究方法一起使用，但有的時候，特別是突然需要進行談判的時候，這個方法就是一個很好的工具。

例如，COVID-19肆虐全球，重創旅遊業，如果你是工會的代表，公司突然要跟你討論裁員和減薪，身為工會代表的你，最重要的目標是要保住同事們的飯碗。根據經驗，公司為了求生存，一定會大幅裁員。這時候沒有質化、量化研究，或是大數據分析可以幫助你。你只能從公司代表的談話及行為中分析，除了大幅裁員，是否有其他方案；和各方案的可能性有多高，再提出相對應的方案。

　　當然這樣的談判不會一次就有結論，這也讓我們能在溝通之後，透過團隊共同的觀察分析，集合眾人的智慧，找出最「可能」、最「客觀」的判斷，協助擬定下一次談判的策略。

▶要了解利益相關者那些事

　　不論用哪一種方法，目的只有一個，就是要了解被溝通對象，也就是利益相關者。接下來的問題是，我們要了解利益相關者哪些事情呢？

　　首先，我們要幫利益相關者們分類一下，如上面所述，利益相關者可分為決策者和影響者；但是決策者可能是很多

人。以行銷溝通為例，一個產品要爭取的絕對不是一個、二個消費者的心。企業要成功，也不可能只有少數幾個員工全心效忠，必須要爭取絕大部分員工的向心力。政府施政就更不用說了，政治人物的執政滿意度可是政策成敗和個人政治前途的關鍵因素。這些決策者也可能是彼此的影響者，同時，有些決策者對於其他決策的有較大的影響力，這些具有強大影響力的決策者，就是意見領袖。

　　同樣的，影響者對決策者的影響力道也不同，擁有強大影響力的影響者，也是我們必須重視的意見領袖。

圖 2-2 利益相關者分析

進入利益相關者分析的第一步就是把決策者和影響者的重要順序排出來。接下來就要確認利益相關者在特定事件，議題上是否已經有立場，和這個立場是否可能改變，和如何才能改變。

　　以在超市、超商常見的包裝茶為例，對我們來說是非常普遍又自然的存在，但如果時光倒推 35 年，有誰會認為茶應該喝冰的？又有誰會去便利商店花錢買家裡就可以喝到的免費泡的茶？但是開喜烏龍茶的出現，打破了這個觀念。

　　1985 年推出的開喜烏龍茶，成為了華人地區第一瓶易開罐包裝的烏龍茶。要改變我們幾百年、幾千年的喝茶傳統，的確不是一件容易的事情，但並不是不可能。1989 年以後包裝茶成為時髦的飲料，現在更是許多人去油、解膩、解渴的好朋友。包裝茶的成功，是因為業者了解年輕消費者對於包裝茶沒有強烈的反對立場，並抓住了年輕消費者的好奇心。

　　透過一系列的廣告和行銷活動，讓深植人心的開喜婆婆不僅打開產品知名度，更帶動年輕消費者的「感性消費」。雖然現在包裝茶也打動了長輩們的心，但若是當年開喜烏龍茶先針對長輩們行銷，恐怕包裝茶就不會這麼快成為時尚飲料了。

　　不管是跟決策者或影響者溝通，最終的目的都是希望能

讓他們接受我們的建議，採取我們希望看到的行動，在商業行銷上如此，企業內部溝通如此，跟客戶的溝通、政府和人民的溝通也是如此。

要達到這個目標，除了找出決策者和影響者，和他們之間的互動關係，以及他們的立場和改變的可能性，我們還需要了解下面五個重要的事情。

⑴ 決策的關鍵因素（decision factor）

每個人做決定一定是基於某種動機或是動力。學生認真讀書是因為怕被當、想拿獎學金，提升自己的能力，或是證明自己很優秀。另一個例子是健康與運動已經成為現在社會的顯學，加上廠商的推波助瀾，讓我們在社群媒體 PO 一張自己參加馬拉松，甚至三鐵的照片，不僅是紀念，更是一種「時髦」的展現，也因此知名的馬拉松賽事，報名幾乎都是秒殺。

客戶決定跟競爭者合作，而不是你們公司，一定有原因，可能是合作條件，可能是不喜歡公司派去談判的人，也可能是以往不好的合作經驗。但不管怎麼說，如果不知道客戶的決策因素，就很

難扳回一城，甚至連以後的合作機會都沒有。上班族努力工作，除了是責任、成就感，更是為爭取升官、加薪鋪墊。可是，老闆是否願意幫你升官、加薪，就要看看你是否了解老闆在這件事情上面的驅動力（driver）和限制（barrier）了。這也是我們要了解的第二及第三件事。

⑵ 驅動力（driver）

所謂的驅動力就是影響我們做某件事情的原因。驅動力和動機有些許的不同。驅動力可以分為三種，生物性的驅動力、外在的驅動力和內在的驅動力。

美國威斯康辛大學心理學教授哈利・哈洛（Harry Harlow）曾經做過一個關於學習行為的實驗，他把一群猴子關在籠子裡，沒有提供任何的獎勵或懲罰，結果猴子仍然很認真地研究並找出了打開籠子的方法。因此哈洛教授認為我們內心有一種把事情做好的慾望，而這就是內在的驅動力。

在爭取加薪的案例中，如果現在就業市場中，很缺乏你這種人才，老闆就有外部的驅動力要幫你

加薪。如果就業市場是供過於求，那麼只能祈禱老闆內在的驅動力發揮作用，認為你是個難得的好員工，他想肯定你的努力，因此願意幫你加薪囉！

我在負責亞太區工作時，曾經跟著美國商會的代表團拜訪中國大陸的商務部，希望他們重視並尊重智慧財產權，當時接待我們的官員很幽默地告訴我們，這個議題美國人爭取了十幾年，連歐洲人、日本人都來要求中國重視這個問題，但中國一直不為所動。但現在中國要開始推動智慧財產權保護了，因為中國要從世界工廠邁向世界的研發中心，這個驅動力可說是非常的強大。

(3) 限制（barrier）

了解利益相關者的限制非常重要，因為人很難無所顧忌，隨心所欲地做每一件事。就以上面上班族加薪的例子，主管不管基於內部或外部的驅動力，願意幫員工加薪。可是如果公司今年業績目標沒有達成？公司的制度規定未滿 1 年的員工不得加薪，而你加入公司才 11 個月，主管也只能

是有心無力了。

我們都知道塑膠垃圾對於環境的傷害，政府和環保團體呼籲了多年要減少塑膠袋、塑膠吸管的使用，但是效果一直不好。所有的連鎖餐飲集團，不管是跨國的麥當勞、星巴克，還是本土的手搖茶飲料店，一直到 2019 年才開始不提供吸管，或是提供紙吸管，原因只有一個，長期以來消費者習慣依賴塑膠吸管的便利。

直到海龜保育團體 The leatherback Trust 的研究員於 2015 年乘小船出海時，在哥斯大黎加海域發現一隻欖蠵龜（Olive Ridley sea turtle）鼻孔卡住塑膠吸管的痛苦模樣[2]，拍成影片廣泛宣傳後，有消費者主動的發起減用甚至禁用塑膠吸管，才讓這些有內在驅動力的廠商，停止提供吸管或是以紙吸管代替。

⑷ 溝通管道（Communication Channels）

想要讓利益相關者了解我們的訊息，最重要的就是要找出有效的溝通管道。溝通管道有很多種，面對面的、透過文字的、一對一的、一對多的、

多對多的，甚至是二級或是三級傳播。

以振興三倍券為例，夜市小攤販對於三倍券能否找零，和如何兌換三倍券，有很多疑問和意見。但是小攤販要如何跟大行政院長反應呢？當然可以去行政院門口陳情，或是寫信到院長信箱。但是到行政院門口陳情不但費時、費事，而且應該見不到行政院長。

寫信到院長信箱，看信的應該也是幕僚單位，最重要的是，如果只是幾個小攤販的心聲，行政院

---

❷ The leatherback Trust（革龜信託）是一個非營利性組織，成立於 2000 年，致力於保護和研究海龜和淡水龜，尤其是革龜。該組織研究員 Nathan Robinson 和 Christine Figgener 於 2015 年在哥斯大黎加海域發現一隻鼻孔裡有異物的公欖蠵龜，礙於船上沒有專業器材，離岸邊又有好幾個小時的航程，當時以瑞士刀為公欖蠵龜動手術，10 分鐘後夾出一根外觀為藍色條紋的 10 公分長塑膠吸管，異物拔除了，傷口擦上優碘後欖蠵龜好了許多，最終也被放回大海。但看見欖蠵龜如此痛苦的模樣，讓許多網友決定不再使用塑膠吸管，也紛紛譴責亂丟垃圾的人們。只是很遺憾的，數個月後，該組織又從另一隻海龜鼻孔中取出了長達 13 公分的塑膠叉子，也再次呼籲人們減少使用塑膠製品，將能讓這種情況有所改變。（影片請見：https://www.youtube.com/watch?v=4wH878t78bw，來源：Christine Figgener 的 YouTube 頻道《Sea Turtle Biologist》）

長可能很難注意到。這個時候媒體的力量就很重要了，只要出現在「爆料公社」或新聞媒體，或是被重要的網紅討論，行政單位就會重視這個問題，也會修正政策或推出配套措施。

每個利益相關者都有自己慣用的獲取訊息的管道，而且也會因為事件的不同，而對不同的管道產生不同的信任度。

如果一個新的飲料上市，要讓目標對象認識它最快的方式就是透過意見領袖，可能是明星，可能是網紅來代言；然後撒下海量廣告，讓消費者知道我們又有一個新的飲料可以選擇了。如果好奇，如果剛好口渴又有機會看到，消費者就會試試看。因為就算「踩雷」了，這個代價不太大。可是如果換成是買車子呢？有多少消費者會因為好奇，或是剛好看到，就買新車呢？機率應該不大吧！至少要試駕一下，問問親朋好友的意見，上網搜尋一下網友的評價，才會做決定。這個時候利益相關者的訊息管道就不只是廣告這麼簡單，甚至廣告對利益相關者決策的影響力也沒有飲料廣告那麼大了。

如果是一個新藥上市呢？雖然依據台灣的法規，處方藥品不能做廣告，但是就算處方藥品能做廣告，病人會相信廣告？還是醫師的建議呢？我想絕大多數的人會相信醫生甚過廣告。因為越是影響重大的事件，我們越相信「專業」和被我們信賴的訊息提供者。

商業的談判情境中，除了檯面上雙方的溝通與角力外，為了讓談判進展更順利，許多時候談判外的溝通不僅很重要，而且必須持續地進行。這個時候是否找到能讓雙方信任的正確溝通管道，溝通管道是否暢通，都是檯面上談判成功的關鍵因素之一。

⑸ 溝通的時機（timing）

時機很重要，好消息在錯的時機溝通，可能被忽略，甚至被誤解成壞事。林鳳營原本是乳品的領導品牌，但在頂新油品事件❸後，受到連帶影

---

❸ 2014 年被發現諸多食用油廠商違法事件，曾以鮭魚返鄉之姿風光回

響，業績一落千丈。林鳳營為了自救，打出降價牌，結果消費者依然不買單，甚至懷疑是否品質有問題。

試想，如果奧運棒球賽，中華隊輸給韓國，這個時候轉播的媒體，突然跳出三星新手機的廣告，台灣消費者的心裡是何感想？

好消息尚且如此，如果是要溝通困難的訊息，或是提出要求，那就更需要找到適當的時機。上班族都知道，跟老闆報告時要先看看今天辦公室的

台投資的頂新集團旗下多個油品公司皆牽涉其中，其中 2013 年 10 月發生食用油含銅葉綠素事件時，頂新隱瞞了 19 天；2014 年 9 月發生餿水油事件，頂新集團中的味全公司，旗下多項產品被查出使用問題油製造；2014 年 10 月，頂新的正義制油公司，更被查出進口飼料油混入食用油。然而頂新在這幾起問題油品事件中堅稱自己也是受害者，當時不僅引起社會輿論對食品安全問題普遍關注，更引發消費者不滿。

細心民眾整理出包括味全在內，所有與頂新有關係的各項產品商標，在網絡上瘋狂轉貼，呼籲拒買；更進而發動秒買秒退的「滅頂行動」，抵制頂新旗下任何相關產品。頂新旗下包括味全受到「滅頂」事件影響，主力商品林鳳營、貝納頌、每日 C 果汁全部受到波及，創下 2004 年以來再度虧損的紀錄。最終為平息消費者怒氣，頂新除賠償消費者損失，也捐出新台幣 30 億元成立食安基金，冀以挽回受損的形象。

氣象如何？如果是低氣壓就別自討沒趣或自找麻煩。當 COVID-19 給全球經濟帶來損失的時候，溝通宣傳銅板經濟，一定比行銷奢侈品來得政治正確。

雖然我們不斷聽到勞保快要破產了，健保快要破產了，可是政府還是努力的不調漲保費，除了台灣常常有選舉之外，政府也很清楚在 COVID-19 衝擊小老百姓的經濟收入，許多人被減薪，或是放無薪假的這個時候，發振興三倍券都來不及了，漲保費實在不是一個好時機。

學會認識利益相關者的三件事

⑴ 根據對溝通對象喜好的假設，制定溝通方法和訊息。

⑵ 四種研究方法幫助你認識利益相關者，第一種是桌面研究（Desktop research）、文獻回顧法（Literature review），第二種是意見調查（Survey），第三種是現在最夯的大數據（big data）分析，第四種可根據個人經驗觀察法。

⑶ 有效溝通必須先了解利益相關者的五件事：

① 決策的關鍵因素（decision factor）

② 驅動力（driver）

③ 限制（barrier）

④ 溝通管道（Communication Channels）

⑤ 溝通的時機（timing）

Communication
Master

03

讓利益相關者
聽見你、看見你

　　每年冬天乳源充足，但喝牛奶的人卻下降，乳品公司為了避免牛奶銷量降低，必須加強行銷活動。

　　牛奶適合各種年齡層的消費者。小芳是最受歡迎的乳品公司的行銷人員，她在公司的行銷會議中，跟所有主管報告她規劃的產品行銷計畫。她針對各個消費層想出不同的行銷賣點，每個建議都很吸引人。例如，針對學齡前後的兒童，主打喝牛奶可以補充鈣質、強化骨骼，讓小朋友頭好壯壯、發育好；再加上買牛奶送玩具。

　　針對青少年，主打高鈣加營養素的牛奶，可以讓青少年長高；再加上推出高 CP 值的家庭號，幫家長省荷包。針對喜歡健身，或是重

Communication
Master

視體態的上班族，主打高蛋白、高纖和加了膠原蛋白的牛奶，讓你健

康美麗無負擔，而且還可以集點送健身用品。針對銀髮族，主打高

鈣、高鐵和加了葡萄糖胺，高營養成分的牛奶，讓長輩行動便利，活

得更健康、更有活力。

小芳報告完後，如果你是總經理，你要問的第一個問題是？

1. 這個行銷活動要花多少錢？

2. 這個行銷活動會增加多少業績？

3. 你如何讓這些目標消費者知道我們產品的特色和賣點？

沒錯，總經理會問的第一個問題一定是「你要如何讓目標消費者知道我們產品的特色和行銷活動內容」，因為再好的產品特色，或是再有創意的行銷活動，如果消費者不知道，那就只能把世界最棒的創意留在家裡「孤芳自賞」囉！完全無法達到溝通的目標。

▶ 聽得到的關鍵一：選擇正確的溝通管道

　　在商業溝通中，「聽得到」是很重要的一件事情。前面提到的牛奶行銷情境中，小芳建議的產品「賣點」或是「行銷方案」再好，「促銷活動」再吸引人，如果沒人知道，就完全無效。要讓被溝通對象「聽得到」的第一件事情就是找到正確的溝通管道。不同的對象，接收訊息的管道不同，接下來我們一起從兩個案例中，分析、學習如何選擇正確的溝通管道。

案例 1：
知名手機，善用社群媒體攻佔消費者的心

　　提到「小米」，正在看這本書的讀者，可能有 50% 都曾經使用過小米手環、小米行動電源、小米藍牙耳機、小米盒子等等小米的產品，有些人甚至已經是市場上暱稱「米粉」的小米粉絲。小米產品中最夯的小米手環，從 2014 年登台開始，還創下蟬聯台灣穿戴式裝置銷售量冠軍 5 年半之久的紀錄呢！回想一下，你是怎麼認識小米的？你知道小米的第一個產品是什麼嗎？沒錯，小米在 2011 年推出的第一項產品正是手機，那時手機市場上，iPhone 和三星是主流，還有其他許多品牌，如 HTC；如果追求便宜，還有白牌手機。小米如何在這個紅海中脫穎而出且迅速崛起？

　　小米的行銷策略很簡單，主打產品比別人好，價錢比別人便宜。一支低價、時尚、多功能、高 CP 值的手機；但這麼多優點，如果沒有人知道，是沒有辦法在紅海中竄起。當時為了打響名聲，小米的第一步棋是著力於發展「粉絲經濟」。創辦人雷軍認為，沒有粉絲就沒有品牌。粉絲是特殊的用戶，他們關注了產品就有機會成為潛在消費者甚至於是忠實客戶；更重要的是，粉絲們還會以擁有產品、宣傳品牌

為榮，為產品帶來巨大的口碑。然而粉絲不會從天而降，消費者的消費行為也是要先從「知道小米」、「認識小米的好處」、「認同小米的價值」到「以購買行動支持小米」，最終成為「米粉」。所以小米必須先找到自己的目標消費者，再透過對目標消費者最快速、有效的溝通方式，讓潛在米粉們知道小米，認識小米。

　　第一支小米手機上市時，小米採用了獨特的行銷方式。小米了解在網際網路時代，傳統媒體和廣告對於「目標米粉」的行銷作用逐漸減弱，取而代之的是社群媒體。因此選擇不花大錢購買廣告，而是把社群媒體當成行銷推廣的主戰場，打造了 MIUI 論壇、小米社區及善用微博、微信、QQ 空間和百度貼吧等社群媒體，透過話題行銷來讓消費者認識小米，再舉辦活動和成立粉絲俱樂部等多種方式，讓用戶關注小米的各項訊息，參與小米各種活動，進而成為小米產品的忠實愛用者。

　　當時小米在微博推出第一個活動「我是手機控」，讓大家秀自己玩過的手機。創辦人雷軍在小米的微博號中率先炫耀自己的收藏品，激發大家的懷舊情緒和炫耀心理，小米沒有另外花任何廣告費，就在瞬間吸引 100 萬人參與；還設立了「米粉節」，是與用戶一起狂歡的 party。「米粉」就

是小米粉絲的暱稱，在每年的米粉節活動上，會與米粉分享新品，溝通感情。這些行銷活動，讓大家聽到小米，看到小米，更聚集起粉絲的力量，非常快速的就把小米打造為「知名品牌」。

案例 2：
音樂世代，發揮創意打造表演平台展才華

2020 年 9 月，我參加了「民歌 45 高峰會」，演唱會上有不少歌者為民國 70 年中後期至民國 80 年代初的「大學城全國大專創作歌謠大賽」民歌比賽優勝歌手，其中有許多歌手已經在兩岸四地的國語歌壇引領風騷多年。「民歌」是台灣流行音樂發展歷程中很重要的一環，除了它代表的音樂風格，它更扮演了一個重要的平台，讓許多優秀的音樂人才，透過這個平台嶄露頭角。許多大家耳熟能詳的音樂人，如李宗盛、李建復、張清芳、潘越雲、黃韻玲、丁曉雯、王夢麟、潘安邦等等都是透過這個「平台」被大家聽見、看見。還有許多我們不熟悉的幕後大咖，也是透過這個平台，被唱片公司聽見、看見，進而成為成功的音樂人。

在網路世代之前，喜歡歌唱、音樂創作的年輕人除了透

過如大學城、金韻獎這類歌唱比賽來讓自己被聽見、被看見之外，也有許多樂團或歌手會為了獲得唱片合約，自己錄製樣本錄音帶（Demo 帶），以有創意的方式送到唱片公司的決策者手中，讓自己被聽見。

但到了現在，很多知名合唱團體，玖壹壹、茄子蛋、滅火器，他們既沒有人是參加歌唱比賽出道，也沒有人寄 Demo 帶給唱片公司。因為在這世代裡，如果要讓別人「聽得到」你，所使用的方法是自己拍攝 MV 在 YouTube 發表創作，引起注意後，在網路上被瘋傳、在抖音上被翻唱，就會讓更多人注意到你。

不同年齡層使用不同媒體

從這些例子可以看到，要讓被溝通者「聽得到」的第一件事情就是找到正確的訊息溝通管道。溝通訊息的管道可能是媒體、可能是人、可能是遊戲，也可能是活動。不同的對象，接收訊息的管道不同。

讓我們再回頭看看前面提到的牛奶行銷情境中。如果小芳想要賣牛奶給學齡前後的兒童，最快的方法是透過家長和老師告訴小朋友喝牛奶的好處；或是藉由卡通及遊戲的置

入，以及在卡通中插播廣告，都能把訊息傳遞給他們。但若是小芳想賣牛奶給青少年，爸媽和老師的建議推薦可能不太給力了；他們最相信是同儕、偶像和網紅等代言人；但是若碰到想要長高的問題時，則會選擇相信醫生說的話。網路與活動是青少年最常接觸到的「媒介」，因此，小芳若是對青少年推廣牛奶，就可以找偶像、網紅代言拍廣告；在 Podcast 中置入喝牛奶的好處；請醫師在新聞報導中分析青少年長高時所需要的重要營養成分；或是贊助體育活動或是公司冠名主辦籃球賽，都是不錯的方法。

至於對想喝牛奶補充蛋白質的上班族，他們很習慣自己上網找資料，求助谷歌大神查閱與健康相關的新聞、網頁、社團，同儕、社群媒體。因此小芳可以把產品訊息，透過醫師或是營養師的媒體報導、醫師或營養師的粉專、被大家認可的健康與健身相關的網紅推薦、「營養懶人包」或是 App 的新聞推播等管道，讓上班族知道、了解自家公司牛奶的好處。需要補充鈣和營養素的銀髮族，也是牛奶的重要消費者。爺爺奶奶們最聽醫生的話，健康訊息多數來自醫生；雖然爺爺奶奶不會主動搜尋網頁、IG，但是透過 Line 新聞推播，主動投遞訊息，也是跟手機世代的銀髮族們溝通的好方法之一。

如果小芳公司的產品完全沒有知名度，那麼在跟目標消費者溝通產品好處之前，小芳要做的是「建立產品的知名度」。這個時候，小芳可以考慮在人潮聚集的地方，例如捷運站、西門町，做燈箱或是看板廣告；也可以將廣告投放在公車內或車身；在點閱率高的網站做廣告；或是選擇傳統的電視媒體做形象廣告、節目冠名；或是產品置入在知名的 YouTube、Podcast 節目中。

 ## 繁複管道，增加訊息傳遞接收困難度

　　事實上，現在溝通訊息要被聽到比以前困難多了，因為現在我們每天接觸到的訊息愈來愈多、多到讓人有瀕臨爆炸的感覺。但是，拜網路發達之賜，現在要找訊息也便利許多。而一般消費者獲取訊息的方式，大概有兩種，一是主動搜尋，一是被動接受。

　　對年輕人來講，「有問題？找 Google！」，想到任何事情就去問谷歌大神。我在 TED 演講中看到一位紐約大學的教授說，人們在 Google 上的提問有 1/6 在世界上從來不存在有答案❶，可想而知大家有任何疑難雜症都會問 Google，人們是多麼習慣想從 Google 找答案。這也讓我們發現一件事情，

關鍵字是如此的重要，因而促使大家在商業溝通上大家開始操作關鍵字。

然而並不是所有的人都依賴谷歌大神。就算在網路世代，因為對象或事件的不同，傳統媒體仍然扮演舉足輕重的角色。最明顯的例子就是，想跟年紀較長的爺爺奶奶們溝通健康、醫療相關的資訊，報紙會是最有用的，因為他們會拿著報紙去詢問醫生，他們的症狀是否跟報紙上寫的一樣，是否應該接受同樣的治療和使用同樣的藥物。老人家們不會自己去 Google 相關內容，更不會拿手機給醫生看，他們會帶著報紙去找醫生。

除了主動搜尋，我們每天也「被動接受」許多來自於溝

---

❶ 美國紐約大學（New York University，簡稱 NYU）商學院教授 Scott Galloway，在以《How Amazon, Apple, Facebook and Google manipulate our emotions》的演講中提到，「谷歌搜尋的問題中，每六則就有一則是人類史上從來沒被問過的。有哪位牧師、老師、拉比、學者、導師、老闆能回答這 1/6 從未被問過的問題並且給出足夠令人信服的答案？」（One in six queries presented to Google have never been asked before in the history of mankind. What priest, teacher, rabbi, scholar, mentor, boss has so much credibility that one in six questions posed to that person have never been asked before?）影片連結：https://reurl.cc/r82yAb，來源：TED Ideas worth spreading。

通者的訊息。例如以前是來自報紙、電視、廣播、雜誌的新聞與廣告；或是戶外看板廣告、店頭廣告等等。進入網路時代，這些訊息與廣告，換了載具，透過電子報、網路廣告等把訊息推播給我們。仔細看一下，網路新聞彼此之間還會互相宣傳，很多新聞會被 Line、Yahoo 新聞，甚至於「台北等公車」等 App 選上，這樣就很容易被更多消費者看到。那些沒有被選上的新聞，可能就不會被看到了！除了新聞，網路廣告也是一個很有力的溝通管道，尤其是在大數據的時代，「凡瀏覽過，必留下網路足跡」。只要你瀏覽過特定的網站、IG 帳號或新聞，不論是旅遊、美食、美容、健身、電競、露營；沒過多久，你的臉書或是其他社群媒體就會出現這類商品的廣告。因此在操作這種溝通時，如何擠進這些新聞推播窄門和掌握精準溝通，就是考驗溝通者的實力。

選對訊息傳遞管道，達到精準溝通

社群也是我們獲取訊息的好朋友。社群中，大家的目的相同、喜好相同，因此訊息相對精準。但其實社群並不是現在才出現的，從以前到現在都一直存在，只是在不同階段，不同時代，用不同型態出現在我們身邊，提供「同好」各種

相關訊息。40 年前，沒有網路的時代，同好聚在一起，組成「俱樂部」、「社團」，或是「某某社」。大家溝通的方式是見面喝茶討論、分享心得，或是出版刊物提供大家最新訊息。到了 20 年前，網際網路方興未艾的時候，網路上出現許多專業網站及版主，開始出現了討論區、開箱文，提供關心特定主題的網友相關的訊息，也讓網友可以互相交流。進入「雲端世代」，社群也進化為「愛車雲」、「健康雲」、「美容雲」、「旅遊雲」、「媽媽雲」等等，但仍然是提供同好最新資訊與讓大家交流心得，只是現在的訊息更新的速度與內容的深度都比以前更快、更多、更好。

　　雖然在絕大多數的情境下，我們必須配合溝通對象來選擇媒體；但是如果溝通對象與溝通者之間的「連結力」或「黏著度」很強，那麼我們在訊息的溝通管道上就多了其他選擇。例如在 2020 年初，台灣的社群媒體發生一個大變動，由於 Line 調整官方帳號計費模式，讓傳播訊息的費用成長數百倍，甚至可能上千倍。引發企業、團體甚至政府、政治人物紛紛出走。許多企業，團體因為擔心他們的目標對象已經習慣透過 Line 來獲得訊息，所以不敢全部搬離 Line。但慈濟就在 2020 年 1 月中旬，迅速的將自家的九個頻道全數移轉至 Telegram，慈濟在官網公開表示，過往月租費 798 元，但

Line 改版導致每月支出將暴增為約 60 萬元，難以承擔改版後每年超過百萬元的支出。慈濟需要向上萬信眾推播資訊，使用 Line 官方帳號 2.0，開銷自然會極高。但是，由於信眾凝聚力強，即使 Telegram 在台灣還不普及，信眾也會特別下載 Telegram 接收資訊。

不同的情境、目的，使用不同媒體

人們在不同的情境、不同的目的下，也會使用不同的媒體。舉例來說，當有重大危機事件時，傳統媒體就成為主要的訊息來源，因為網路上的自媒體沒有把關人；相反的，傳統媒體有守門人的角色以及 NCC 把關，大家對其信任度便會提高。而且愈是重要的事情，人們愈會選擇相信具有公信力的媒體，而非以單純看熱鬧的心態對待。因此當危機發生時，不少企業除了官網也會使用傳統媒體，因為傳統媒體擁有自媒體所沒有的守門人角色。政府開完記者會後，也會在自己的官網發布新聞，留下紀錄。

另外，當社會上對於同一件事情，出現眾說紛紜的狀況時，社群媒體也會成為該組織成員主要的訊息來源。除了社群媒體有「版主把關」，還有同好之間互相監督與取暖。雖

然在社群媒體中，會產生同溫層的現象，讓成員們未必能看到事件的全貌，但是此時社群卻扮演著重要的溝通管道，不僅可以讓同一陣線的人達到互相安慰取暖的功能，甚至可以把他們串聯起來進行倡議和陳情。

找到利益相關者，爭取志同道合好朋友

在商業溝通的領域中，除了商品行銷之外，政策的溝通與倡議也是很重要的。透過有效的政策溝通與倡議，能讓產業在一個公平、合理及可預期的環境下，追求永續發展。在民主的國家中，政府及政治人物很重視民意，不但各政府機構都有首長信箱、臉書、官網等溝通平台，政治人物們也有個人的臉書、粉專、IG、推特等等。在台灣，如果想進行政策倡議，還可以透過公共政策網路參與平台對政府提案。

公共政策網路參與平台是行政院國家發展委員會參考美國白宮網站「We the People」，於 2015 年 2 月 10 日成立。「公共政策網路參與平臺」，分別有「提點子」、「眾開講」、「來監督」和「找首長」四個平台。其中「提點子」平台，可以讓民眾運用集體智慧，就公共政策提出建言。民眾所提的點子，必須兩個月內有五千人附議才能成案，成案後政府必須

在七天內找提案人討論協商，並在兩個月內回應提案人的訴求。

根據國家發展委員會在 2018 年所做的調查顯示，「公共政策網路參與平臺」自民國 2015 年 2 月 10 日上線至 2018 年 10 月為止，已累計超過 140 萬會員。2020 年 8 月發布的訊息中提到，平臺開放 5 年來日均 1.1 萬人次到訪，2020 年前 7 個月的月均造訪人次更達 37 萬人。截至 2020 年 8 月 16 日，有 9026 則提案，54% 進入附議程序，最終成案 202 件、成案率約 4.1%。 成案率雖低，但只要成案後，經政府研議，不少民眾的點子成了政策。

根據國家發展委員會的統計，截至 2020 年 8 月，全案獲得政府的參考採用率約 19%。其中「酒駕累犯」增設刑法懲罰議題，就是最典型成功的「提點子」案例，這個提案不僅迅速獲得超過 5000 人的附議而成案，最後還讓政府具體修法，並經過立法院三讀通過，不但讓酒駕累犯加重罰鍰，並增加了可沒入車輛或強制加裝酒精鎖等措施。

除了「公共政策網路參與平臺」，傳統媒體和網路媒體的報導、論壇，社群媒體和網路意見領袖在自媒體的討論，公聽會、陳情信、陳情活動和大型的遊行，或嘉年華式的活動，都是政策倡議的溝通平臺。選擇平臺的標準只有兩個，

如何讓相關的利益相關者聽到我們的訴求，和爭取更多志同道合的「好朋友」。

▶ 聽得到的關鍵二：慎選最合適的溝通者

政策倡議的溝通中，除了要找出最有效的溝通管道外，由誰來溝通也很重要。在前一章裡我們談到了利益相關者有兩種，一種是決策者，另一種是影響者。

政策倡議，找對發言者向公權力說真理

政策倡議的最終目標是要讓決策者接受我們的提議，然而我們未必是最有力的影響者。在加重酒駕累犯處罰的政策倡議中，任何人都是有力的影響者，因為這是影響全民，也是全民都關注的事情；換言之，如果政策符合民眾期待，政府的施政滿意度就會提高，繼續執政的可能性當然也會提高。但若我們把倡議的題目改為汽車的第三責任險中，應增加「酒駕傷害險」，這個倡議的推動者，就不適合由保險公司來擔任；因為保險公司極可能從這個倡議中獲得商業利

益。雖然提案立意良善，保險公司獲利也是合法、合理；但是從社會的觀感上來看，政府保護民眾遠比「幫助企業獲利」來得好。因此，這個倡議若是由保險業者或保險公會來提案，遠不如由酒駕受害者聯盟來提案，更能獲得政府及社會大眾重視與支持。

「同婚合法化」則是另一個非常經典的成功倡議案例。2018 年 9 合 1 選舉中，同婚成了公投議題，依據公投結果，同性婚姻的合法性可以不用修改民法，而以其他形式讓其得以實現。2019 年 2 月行政院非常迅速的通過了「司法院釋字第 748 號解釋施行法」，立法院也在同年 5 月三讀通過「司法院釋字第 748 號解釋施行法」，蔡英文總統隨即公告並實施此法，賦予同志伴侶得以結婚的法律依據。台灣成為為亞洲第一個同婚合法化的國家，躍上了許多國際媒體的版面；《BBC》、《CNN》、《紐約時報》（*The New York Times*）、《衛報》（*The Guardian*）都在第一時間在網站上發布「台灣通過亞洲第一個同性婚姻法」的新聞。台灣能成為亞洲第一個同婚合法化的國家，並不是因為台灣的同志人數或比例比其他亞洲國家高，而是因為這個議題獲得許多對執政者有影響力的「影響者」的支持。

同婚合法讓台灣受到國際主流媒體的關注，然而這個倡

議的過程並不容易。早在 1986 年就有同志向政府申請同婚合法化，但被政府拒絕，且也未獲得社會大眾的支持。但隨著民風日漸開放，關心同志權利的人漸多，尤其是年輕朋友及明星、偶像、網紅等，這些都是對於執政者來說很有影響力的「影響者」；他們也是彼此的重要「影響者」。透過這些重要「影響者」的倡議溝通，同婚合法化成為社會顯學，儘管仍有不同的聲音，但保障同志人權的聲音被廣泛且大聲的傳遞到各處，也成就了台灣成為亞洲第一個同婚合法化的國家。

📞 意見領袖，加速訊息傳遞速度擴大影響力

由誰來溝通不僅在倡議溝通中很重要，在商業行銷傳播中也很重要。因為我們的大腦很聰明，面對排山倒海來的資訊浪潮，已經建立一個自動篩選的機制，只會對自己有興趣的事情，打開「閥門」，讓訊息進來。其中，意見領袖所說的話就是會讓我們感興趣的事情。

意見領袖其實就是我們的「偶像」，我們會關心他們的動態，也會接受他們的「建議」；所以當媒體上出現意見領袖的聲音或形象時，我們的大腦就會打開「閥門」，讓訊息

進來。正是因為意見領袖能迅速打開「閥門」，所以在行銷溝通中，常常看到企業找明星、網紅來代言。例如，在手機紅海中，各品牌為了讓消費者看見自己，紛紛找不同的明星代言；HTC 在 2013 年推出新機王「One」時，請來當紅的鋼鐵人小勞勃道尼（Robert Downey）代言，雖然耗費鉅額代言費，但是對於與其他競爭對手相比，HTC 的行銷預算資源相對不足，因此更需要一位知名度高、能讓最多消費者打開訊息閥門的代言人。

小勞勃道尼演活了漫威系列中「鋼鐵人東尼史塔克」這個經典角色，不但在美國擁有高知名度及高人氣，在全球各地也是高人氣的偶像，他正是「HTC One」最適合的代言人選。小勞勃道尼和 HTC 結束合作後，又在 2019 年接下另一個手機品牌「One Plus」的代言，可見廠商覺得他對於產品訊息的傳遞有著非常好的效果。

當 COVID-19 提高了食物外送的需求時，外送業者也砸下重金請偶像明星拍廣告，因為每個族群都有自己的意見領袖，外送業者希望打動所有年齡層的消費者，特別還找了不同特色的明星，拍了一系列內容一模一樣，只有主角不一樣的廣告。

意見領袖除了可以提高訊息傳遞的速度及效率，還可以增加訊息傳遞的效度。對於喜愛電競遊戲青少年來說，直播主推薦的遊戲，肯定是要去看一看、試一試的。HTC 繼找小勞勃道尼當 HTC One 的全球代言人之後，在推出 U12 時，找了五月天當代言人。五月天的高人氣，不僅快速打響 U12 的知名度，還讓五月天的粉絲們「愛屋及烏」，幫助 U12 的業績扶搖直上。

破除危機，專業人士溝通代言消弭負面輿論

不論是行銷傳播或是政策溝通，當處在危機情境時，除了要立刻設立官方溝通管道，主動提供訊息，更要具有公信力的人士來發言。例如，COVID-19 發生時，政府第一時間成立「疾管家」的 Line 官方帳號，除了主動推播相關訊息，每天下午兩點直播記者會實況，避免民眾因聽到錯誤訊息而造成民眾恐慌。記者會更是由台灣的防疫英雄衛生福利部長陳時中親自坐鎮主持，並針對特殊事件以及記者提問，安排相對應的醫學及公衛專家協助回答。衛生福利部更請來許多醫生，拍攝一系列的防疫宣導廣告。雖然一般廣告的代言

人，多半為明星、名人，但 COVID-19 的電視廣告，和 SARS 或流感這類疾病問題，和一般廣告不同。民眾對於醫療相關的議題，因為專業知識的落差，原本就比較相信醫療專業人士，再加上 COVID-19 屬於危機式的醫療議題，只有醫護人員的專業，才能給民眾信心，因此要找醫生出馬，醫生絕對比網紅專業且有影響力。

2018 年和 2020 年台灣出現了兩次的「衛生紙之亂」，因為新聞的報導和網路訊息的快速傳播，民眾紛紛衝往大賣場，搶購衛生紙。2018 年的衛生紙之亂❷，起因來自一個知名量販業者為了提升衛生紙特賣檔期的業績，以電子郵件與即時通訊軟體向媒體發送「衛生紙確定大漲 30％，賣場業績急飆 5 倍」的訊息。因為衛生紙是民眾每日生活的必需品，

---

❷ 2018 年衛生紙之亂，是指從 2018 年 2 月底至 3 月初之間，因廠商行銷手法不當和媒體報導傳謠衛生紙即將漲價，導致導致民眾一窩蜂搶購衛生紙的現象。

2018 年 2 月 23 日，有新聞媒體相繼報導稱知名量販通路接獲各家用衛生紙大廠發出的正式通知，衛生紙價格「確定」將調漲，漲幅最高更達 3 成，造成民眾的恐慌。這事件還登上國際版面，同年 2 月 27 日，加拿大多倫多星報（THE STAR）此次事件列為本週全球趣聞。星報報導連結：https://www.thestar.com/news/world/2018/02/27/taiwan-is-running-out-of-toilet-paper.html，來源：加拿大多倫多星報。

衛生紙的價格也在政府物價指數監管範圍，廠商丟出這個「震撼彈」當然立刻成為各媒體與網路的標題與熱門新聞。消費者的訊息閥門看到這個自然也立刻打開，不但接收訊息，還立刻採取行動，不然家中沒有衛生紙，生活豈不大亂。

2020 年初 COVID-19 疫情來襲，剛開始大家瘋搶口罩，但 2 月初的某一天，受到一則網路上瘋傳的訊息影響，許多人到好市多（COSCO）搶買衛生紙，造成好市多的衛生紙缺貨，這個情況立刻引起政府、媒體的重視，及調查訊息來源及內容。原來是婆婆媽媽的 Line 群組瘋傳一個消息：「為了製造口罩，衛生紙、衛生棉、紙巾等紙類製品原料減少，所以將來一定會漲價」。聽到生活用品要漲價，婆婆媽媽們的訊息閥門立刻打開，也立刻採取行動，加入搶購行列。然而這只是謠言，要停止這個謠言，誰來說最有效？政府？還是廠商？

當媒體發現這是謠言時，媒體也負起了社會責任，立刻報導了國內家用紙品的大廠永豐餘，和生產春風、蒲公英等衛生紙品牌的正隆公司，以用於生產衛生紙的紙漿都可溶解於水中；以及一次性口罩完全無法溶解也不能回收為例，幫助消費者可以明顯分辨衛生紙與口罩製造所需原料的差異。更重要的是相關原物料的庫存量均充足，且衛生紙供貨正

常、價格穩定，民眾完全無需擔心沒有衛生紙可用的問題，這才讓衛生紙之亂平息下來。

其實這類假新聞一直都有，2006 年網路上曾經謠傳某知名品牌的衛生棉因為長蟲，婦女使用後子宮竟被吃了一半，呼籲女性朋友不要使用該品牌的衛生棉。

「子宮被吃掉」這可是不得了的事情，不只會讓使用衛生棉的女性立刻打開訊息閥門，連關心女性的人也很快就注意到這個訊息。但是跟 2020 年衛生紙之亂不一樣，要澄清這個訊息，最好的發言人不是廠商，而是醫生。因為消費者會擔心廠商為了獲利而掩蓋事實，但是醫師卻會保護我們的生命健康與安全。

▶ 聽得到的關鍵三：正確的溝通時間

除了選對溝通者讓目標對象打開接收訊息的閥門外，溝通的時機也很重要。相信大家都有臉書被洗版的經驗，只要出現了重大事件，傳統媒體、電子媒體、社群媒體，和網路討論區等，立刻就會出現這個訊息，加上大家奔相走告，一時之間所有的媒體都被洗版了。

選對時間，溝通訊息自然結合重大事件

就從 COVID-19 這件事來講，讓我們回想一下，當 2020 年初 COVID-19 疫情爆發時，因為疫情來勢洶洶，中國大陸不斷傳出死亡病例，先是整個武漢封城，然後各地接連出現封城或是限制居民活動的政策。繼中國大陸之後，亞洲國家相繼淪陷，台灣也出現 COVID-19 個案；接踵而來的是 2 月初遊歷台、日、港、越的大型郵輪「鑽石公主號」遊輪，驚爆群聚感染 COVID-19，讓這艘郵輪成為海上孤兒及疫情重災區。後來歐洲、美國的疫情更是一發不可收拾，打開任何媒體或網路，COVID-19 的訊息立刻映入眼簾。

這個疫情對全人類產生空前且巨大的影響，所有的人絞盡腦汁思考與期待的是有沒有藥可醫？有沒有疫苗可以預防。假設 COVID-19 的高峰期，有藥廠研發出非常有效且可延緩肺癌患者生命的新藥，這在一般時間是大好消息，也會引起許多人的關注，至少在醫藥相關的媒體、網站、社群都會有很多人分享和討論。但若是在這新藥上市發表之後，數小時之內有藥廠宣布完成 COVID-19 疫苗研發，而且在年底就可以供應，那這是一個更具爆炸性的新聞，我相信所有的媒體都會被洗版；相對的，幾個小時之內，肺炎新藥的訊息

就不復存在。同樣的，當大家都在注意東京奧運新聞時，我們開記者會宣布我們要舉辦地區性的馬拉松比賽，就算找了名人來代言，除了熱愛馬拉松的跑者，你覺得還會有其他人關注嗎？

雖然重大事件會搶走大家「關愛的眼神」，讓其他事件或新知黯然無光，或是訊息不見天日。但是，重大事件也可能是一個很好的連結點，只要我們想要溝通的事情能和這重大事情很「自然」地連結在一起，就能吸引住溝通對象的注意力。

政府每年都會提供免費的流感疫苗給特定族群施打，也出動醫師或是偶像幫忙宣傳，但是幾乎每年的流感疫苗都打不完。但是 2020 年就不一樣了，不用政府大力宣傳，民眾就搶著去打流感疫苗❸，還因為民眾搶打速度太快，許多大醫院紛紛出現疫苗缺貨，暫停施打及暫停預約的狀況。衛生福利部只好出面調控，緊急宣布暫時停止提供免費疫苗給 50 歲到 64 歲的民眾，將公費疫苗留給高危險群的人。流感年年都有，2020 年的流感特別危險嗎？為何 2020 年不僅施打率高，而且大家行動特別快呢？主要原因應該是 COVID-19 的疫情，導致民眾危機意識抬頭，踴躍施打。

台灣的健保制度是世界知名的好，不但國人滿意度高達

近九成，更是許多其他國家學習的對象。但這麼好的「福利」其實是許多醫護人員的血汗付出換來的。COVID-19 讓大家看到醫護人員的辛苦，和重要性有多高。因此，醫院協會、醫師公會、護理師公會等等相關團體，透過這個機會，就能爭取讓國家給予醫護人員更好待遇。

　　除了倡議與政策宣導外，溝通時機在行銷溝通上也很重要。讓我們再回到 COVID-19 的例子，雖然肺癌新藥上市的新聞會被幾個小時後的 COVID-19 疫苗上市的新聞洗版、蓋過；但是，在疫苗上市前，若有廠商推出增強抵抗力的維他命、營養品，一定能引起社會大眾的注意，特別是銀髮族或是家中有小朋友的家長，因為大部分的人還是相信，面對

---

❸ 面臨新冠肺炎（COVID-19）與流感雙重挑戰，台灣民眾在 2020 年發生搶打流感疫苗現象，公費疫苗開打 12 天就用掉 318 萬劑，占總量 603 萬劑一半，除了週六、週日，幾乎每天施打的劑量，都是去年兩倍。該年 10 月底即有媒體報導，流感疫苗搶打潮連帶影響使六大醫學中心自費流感疫苗只剩一半，一樣出現吃緊狀況。
因為流感疫苗不是人人都需要打，603 萬劑可涵蓋 25.5% 人口數，加上自費疫苗約 115 萬劑，整體涵蓋率為 31%，已達群體保護力；但民眾在疫情茫茫未見終日之下，萌生自保心態，引發搶打流感疫苗亂象，出乎預料。使得衛福部疾管署不得不宣布「暫緩」無高風險和慢性病的 50~64 歲成人接種作業，先讓 65 歲以上長者施打後再重新開放，當時也出現「公費沒貨，自費搶嘸」情形。

COVID-19 的威脅，我們要提升自己的免疫力和抵抗力來保護自己。加上，長輩們喜歡在 Line 上面互相傳訊息；跟每天只傳問候的長輩圖比起來，分享健康資訊似乎更有價值，因此這類商品反而可以搭著 COVID-19 的便車，讓更多目標消費者「聽到」、「看到」。

📞 商業契機，巧搭行銷順風車提升銷售業績

前面曾提及舉辦一個地方性的馬拉松比賽，若是跟全球矚目的東京奧運的新聞強碰，地方性馬拉松比賽的能見度就會變得很低。但若是廠商能搭上高能見度的奧運列車來行銷商品，效果肯定不錯。

例如 NIKE 就在 2016 年的巴西里約奧運時，推出搭配符合奧運會精神的「不信極限」行銷活動，及一款螢光色 logo 的球鞋，並透過贊助美國代表隊，讓世界各地愛好運動的人士，不管是喜歡籃球、排球、田徑，還是馬拉松，都可以看到這雙耀眼的球鞋。尤其美國隊是奧運許多項目的強隊，隊中更有許多運動明星穿上這雙炫亮的球鞋，球鞋不僅立刻被看到，還讓運動明星們的粉絲們競相搶購，創下極佳的銷售業績。

可口可樂（Coca-Cola）更是「奧運的好夥伴」。從 1928 年，可口可樂委託美國奧運代表團所搭乘的輪船，將 1000 箱可口可樂飲料送至阿姆斯特丹奧運會場開始，可口可樂便和奧運結下不解之緣，直到現在。即便奧運的贊助費用逐屆攀升，但可口可樂仍持續贊助奧運，甚至搭配奧運來舉辦各項行銷活動，或是推出紀念產品。例如 1996 年亞特蘭大奧運會的前一年，推出「可口可樂瓶──奧運對民俗藝術的禮讚」，邀請全球可口可樂分公司透過當地的力量，設計一款具有當地特色的紀念瓶；當時台灣分公司邀請消費者一起參與，設計出最能代表台灣地方特色的圖騰：一款以台灣特有的媽祖遶境圖像為主的瓶身。

　　可口可樂公司對於奧運的支持，就跟其他聰明的廠商一樣，他們知道行銷活動不要跟大型活動或重要的社會事件強碰。但是他們把大型的活動或事件當成行銷溝通的連結點，因為只要抓對連結點，就能在最短的時間內，讓被溝通對象「聽到」、「看到」。這也正是為什麼這麼多廠商會贊助如奧運、超級盃、世足賽這類世界重要運動賽事。因為這些賽事可以聚集人潮，讓贊助商的品牌被更多人看到。

　　奧運、世足賽這類的國際級的重大活動，當然是很好的行銷「連結點」，但是這種活動 4 年才一次，頻率實在太

低，所以聰明的商人們，鎖定各重大節日當成行銷的「連結點」。因此聖誕節我們要去吃大餐，交換聖誕禮物；如果情人節你的女朋友沒有收到你送的花、巧克力或是禮物，你的麻煩可能就大了。也因為節日這個行銷連結點實在太好用了，所以許多節日就被「創造」出來，最經典的就是日本人推出白色情人節，女孩兒們如果對在 2 月 14 日西洋情人節送你禮物的男孩有意思，那麼在 3 月 14 日這天，女孩兒們就要回送禮物。日本人真的很貼心，給女孩兒們一個月的時間思考要挑選什麼禮物，當然這個月就是廠商跟女孩們好好行銷溝通的好時機囉！現在我們除了有母親節、父親節，還有女兒節、祖父母節等等；攤開月曆，我們每個月都要過節。

溝通時間點的重要性同樣也反映在客戶溝通上。若想與客戶溝通或進行商業談判，千萬不要選在客戶內部有重大事情或活動的時候。試想，若客戶正為了重大的產品上市發表、處理公司重大的危機或是企業改組……等問題忙得不可開交時，這時候他會「聽到」你想要溝通的事情嗎？選對溝通的時間是很重要的。

前面提到，我們的大腦是很聰明的，面對每天海量的訊息，大腦有一個訊息接受閥門，只有「聽到」、「看到」自己有興趣的事情才會打開。讓被溝通者感興趣的事情，除了「誰」來溝通外，訊息的標題或是開場白也很重要。試想一下，如果你想減肥，下面哪一個標題會打動你？

「睡前做一件事，1 個月可以瘦 3 公斤。」
「每天採用 16 小時斷食法，加上每天運動 30 分鐘，
1 個月可以瘦 3 公斤。」

我相信大部分的人都會選擇第一個標題，因為第一個標題暗示我們可以很容易的用 1 個月的時間，達到減重 3 公斤的目標，真是一個非常好的懶人減肥法。

雖然可能我們點進這個標題，看到的內容很可能和第二個標題所談的一模一樣，甚至是使用更麻煩的方式，或是靠減肥藥才可能達到 1 個月減重 3 公斤的目標。但無論如何，對於喜歡懶人減肥的人來說，第一個標題真的比較吸引人。

速迅破題，吸引被溝通對象爭取共感

為了要讓被溝通對象的訊息閘門打開，溝通者無不絞盡腦汁思考如何「搏眼球」。但如何才能「搏眼球」呢？

前面提到台灣成為亞洲第一個同婚合法化的國家，成功的讓台灣躍上國際新聞舞台，媒體選擇報導台灣同婚合法化的新聞，因為這個新聞可以瞬間打開關心同志權益的人的訊息接受閘門。更重要的是，媒體的標題是「台灣成為亞洲第一個同婚合法化的國家」。通常「第一」、「最快」、「最強」，或是「台灣第 1000 萬個旅客」這種有意義的數字，都會吸引到被溝通對象的注意力。

2020 年 10 月，許多媒體都出現「天主教教宗方濟各（Pope Francis）支持同性婚姻」的標題，相信不僅同志朋友、支持同婚合法化的朋友，和反對同婚合法化的朋友，都會想要進一步了解教宗說了什麼？為何支持？和其他天主教會的反應等等。就連對於同婚合法化沒有特別想法的人，看到天主教宗居然會支持同性婚姻，也會很好奇的想進一步了解。主要原因就是這個訊息和我們的原本的認知反差太大，天主教給人的印象是保守的、堅持傳統的；教宗「居然」支持同性婚姻。支持同性婚姻的朋友們一定非常開心，反對同性婚

姻的朋友們則是除了震驚還有更多的不解。不管如何，這個認知的反差實在太大，自然就立刻吸引了所有人的目光。以前教新聞學的老師總說：「狗咬人不是新聞，人咬狗才是新聞。」正是因為在一般人的認知中，除了有些地方吃狗肉以外，人是不會去咬狗的。

除了「有意義的數字」和「反差」以外，「類比式」的標題也是一個「搏眼球」的好方法。例如，在重視生態保育的時代，「XX 連鎖餐飲，禁用塑膠吸管來救海龜」，一定會讓消費者注意到該企業的社會責任舉動。貓熊受到全世界的喜愛與關注，不僅是因為貓熊樣子和動作都很可愛，更因為牠的數量很少，屬於世界級的保育類動物。若你看到「比熊貓還珍貴！台灣黑熊數量僅有熊貓的 1/10」這幾個字，相信會為之震驚，原來台灣本土黑熊，數量僅有瀕危熊貓的 1/10，瀕臨絕種危機的威脅更大。

💬 溝通最高原則，避免誇飾及不反感接受訊息

這幾年淨灘和植樹造林都是許多企業熱衷參與的環保活動，每次淨灘後，主辦單位總會公布「我們今天清理出 XX 公斤的垃圾，保護了海洋生物」等等。但是「XX 公斤」對

一般人的意義是什麼？如果能更具像化一點，例如「XX公司一年清理了跟台北101大樓一樣高的海灘垃圾」，或是「XX公司一年拯救了多少隻海洋生物」更能讓社會大眾有感。以前我服務過的一家外商，在全球推動植樹造林，累積復育超過一億棵的樹，一億棵這個數字聽起來挺厲害的，但是若能換算成「覆蓋幾個台灣」可能對台灣的民眾來說，更容易達到「搏眼球」的效果。

好的開場白在一對一的溝通或是一對多的簡報中，更是重要。因為現在的人早已經被創新的通訊科技，和即時更新的新聞、訊息，訓練得沒有耐心等待「起、承、轉、合」式的溝通，我們喜歡「破題式」的溝通模式，如果在面對面的溝通中，不能在開始30秒內就抓住被溝通對象的吸引力，那麼接下來的時間裡，被溝通對象低頭滑手機，或是放空自己，也就不令人意外囉！要做出好的開場白，需要事前做好功課，如同我們在第二章所提到的，要了解你的被溝通對象的目標、期待、喜好和動機，才能在30秒內抓住他們的注意力。讓我們再回到小芳的例子，如果小芳想要讓總經理專注的聽她的簡報，小芳的第一張投影片（slide）就應該告訴總經理，她打算提升多少業績或是增加多少利潤；畢竟業績和獲利才是公司最關注的。

「搏眼球」雖然已經是一種顯學。然而過度操作「搏眼球」的後遺症是，當閱聽眾經歷過多次被標題吸引了之後，點進連結卻發現內容一點都不吸引人，甚至文不對題時，會讓人大失所望；幾次之後，不但對「搏眼球」產生了免疫力，甚至厭惡感。還有一種情形是企業在網路上主動推播廣告，當你打開手機、打開電腦，不管上什麼網頁常常會主動跳出滿版的廣告，影響到你閱讀新聞及任何內容，這個部分也會讓大家厭煩及不喜歡，若持續這樣的操作，慢慢的會讓大家對推播新聞、推播訊息，失去信心。所以如何讓被溝通對象「聽得到」、「看得到」，又不會產生反感，才會被視為是一門溝通的藝術了。

04

如何讓被溝通者
「聽得懂」？

　　每年聖誕節前，好萊塢總會推出幾部應景的大片，電影中少不了愛情，親情和最重要的聖誕樹。今年聖誕節前小芳和小明在家中看著「BJ 單身日記 3」，看到女主角芮妮齊薇格，就算懷孕了，而且在不知道孩子的父親是誰的情況下，一位單身的準媽媽，還是要去買一棵聖誕樹來慶祝聖誕節。當電影中芮妮齊薇格拖著聖誕樹，走在雪地裡的畫面出現時，雖然小芳已經看過這部電影三次了，還是覺得好感動。小芳轉頭跟小明說：「我們今年也買棵聖誕樹來慶祝聖誕節吧！」貼心的小明，當然立刻答應。猜猜看，小明會買什麼樣的聖誕樹？

　　是跟電影裡面一樣，真的杉樹，加上一個大花盆？還是不易毀損的綠色組裝型的塑膠聖誕樹？還是有著銀白世界感的白色組裝型塑膠

Communication
Master

耶誕樹？或是 2019 年在 IG 吸引超過萬人標記的黑色聖誕樹？

　　小明心想，小芳看了三次「BJ 單身日記 3」還會覺得這麼感動，而且是在看到芮妮齊薇格拖著一棵真的聖誕樹時，「許下」了這個買樹的心願，小芳一定希望他買一棵跟電影裡一樣的聖誕樹。所以，小明特別請了假，費了好大功夫，終於找到一棵可以放進家裡客廳的真的聖誕樹，還搭配了好漂亮的花盆。然後還去買了聖誕小燈泡，和許多美麗的裝飾品，把聖誕樹妝點的跟電影裡一樣。小明一切準備妥當，等著小芳回家，給她一個大大的驚喜。

　　你再猜猜看，當小芳打開家門時，是驚喜、感動？還是大大的驚嚇？

小芳的反應可能是如小明所預期的，非常的開心，然後給小明一個大大的擁抱，用眼神告訴小明：「你懂我。」

但是也有 50% 的機率是，小明精心準備的驚喜，成為小芳的驚嚇。因為小芳害怕花盆的土裡會有螞蟻爬出來，家庭主婦最怕螞蟻了，萬一真的有螞蟻在家做窩怎麼辦？而且過完聖誕節，這棵樹要放在哪裡呢？因為住在公寓裡的小明和小芳並沒有院子或陽台可以放這棵真的聖誕樹。

📞 聽到、聽懂才是有效溝通

如果小芳的反應是驚喜，當然是一個快樂的結局。但是，若小芳的反應是驚嚇，這是小明的錯嗎？如果我是小明，一定覺得很委屈，因為小芳只說要買一棵聖誕樹，並沒有說要買什麼樣的聖誕樹。因為小芳沒有事先說清楚需求，小明只能根據自己的觀察，猜測小芳想要買的聖誕樹，買回來的聖誕樹就有可能讓小芳大失所望。從這個例子中我們不難發現，在溝通過程中，不但要讓被溝通對象聽得到（讓小明知道要買聖誕樹），還要聽得懂（要明確讓小明知道要買什麼樣的聖誕樹），才是有效的溝通。

其實我們平常的生活中，充滿了許多「雞同鴨講」的例

圖 4-1 聽得懂是雙向的

子。孝順的你，周末時主動幫媽媽去超市買東西，媽媽叮嚀「別忘了買青菜喔！」當你拎著白花椰菜和牛番茄回家時，媽媽臉上卻出現三條線，因為她想要的是綠色的青菜。

你是否曾經碰過好哥們告訴你，他的女友有多美麗、多可愛，或是多有靈性；但是當你見到本尊時，發現「還好嘛！」這時候你的心裡一定出現一個 OS：真是情人眼裡出西施。

好心的長輩要幫剛出社會的你介紹工作，長輩說，這份工作薪資非常優渥，比起基本工資高出許多，很有發展，適合能力好又努力、上進的你。你滿心期待的去應徵時，發現這份工作月薪是 3 萬 5 千元，但是沒有年終獎金。雖然 3 萬 5 千元已經比 2020 年的基本薪資 2 萬 4 千元高出許多。但是對於很有能力又優秀的你來說，年薪超過 50 萬才算是「優渥」。

　　其實，好心的長輩並不是小看你的能力，但是他認為月薪 3 萬 5 千元就是「優渥的薪水」。或許你的好哥們真的是「情人眼裡出西施」，但更有可能的是，他對於「美女」的定義和你不同。就像 2018 年台灣的縣市首長選舉時，最轟動的口號就是「發大財」，可是要賺到多少錢才是「發大財」呢？現在的人選購商品時，最喜歡說，因為 CP 值高。可是怎樣的 CP 值才算高呢？

　　每個人對於「美女」、「帥哥」、「薪水高」，「孝順」、「美味」……都有不同的定義，也按照自己的定義來理解和判斷事情。

📞 溝通是雙向過程

　　溝通是一個「編碼」和「解碼」的雙向過程，被溝通者

都是根據自己的定義進行編碼和解碼。有效溝通最困難的地方就是「假設」，因為溝通者要假設被溝通者對於事件的定義，並依據這個假設來進行編碼。就像媽媽假設你知道「青菜＝綠色蔬菜」。因此，當她說了「記得買青菜回來」，就代表她期待收到綠色蔬菜。前面提到的買聖誕樹的例子，小芳請小明去買聖誕樹，雖然沒有說明是哪一種聖誕樹，但是因為她假設小明很懂她，甚至一個眼神交會就知道她的心思；加上她又假設小明知道家裡的狀況，所以她相信小明一定會買一棵最合適的聖誕樹回來。

可是被溝通者對於事件的定義和理解，是否真的如同溝通者的假設一樣呢？如果不是，當被溝通者接受到訊息時，用自己的定義來解碼和理解訊息時，就會出現孝順的你，開心地拎著白花椰菜和牛番茄回家，卻發現媽媽臉上三條線。

既然溝通是一個「編碼」和「解碼」的雙向過程，要確定被溝通者正確的理解我們所傳遞的訊息，我們就必須了解被溝通者是如何透過「解碼」來理解訊息，和如何再「編碼」給我們反饋。

要確定被溝通者「聽得懂」，有三個關鍵：
(1) 使用同樣的語言。

⑵ 用被溝通者的經驗值來「解碼」和「編碼」。

⑶ 依據被溝通者的價值觀來「解碼」和「編碼」。

語言是溝通的重要關鍵

在溝通中,「語言」居於重要且關鍵的位置。試想一下,一位韓劇迷,想依據韓劇的拍攝地點,去韓國找「歐巴」、吃炸雞、喝啤酒;或是跟著心愛的人去韓國看初雪,見證愛情;還是去首爾的明洞買美妝品、東大門買衣服。可是到了韓國,卻發現韓國人不怎麼講英文,這下子除了靠最傳統的比手畫腳、肢體語言;就是趕快求助谷歌大神,拿出照片或是谷歌翻譯。但是這種隔靴搔癢式的溝通,不但浪費時間,而且未必每次都能成功。

📞 語言障礙產生誤解

我自己就有一個因為語言不通的搞笑經驗。多年前,我搭英國航空公司飛機去英國出差,當飛機起飛後一小時,美麗的空姐送上了貌似美味的飛機餐,我想要胡椒來提味,就

跟空姐說，我要 pepper；或許是我的英文發音不好，美麗的空姐微笑的用她標準的英國腔說：「好的，沒問題，請等一下。」然後她送來一疊紙（paper），讓我當場覺得傻眼又好笑。事後想想，那位美麗的空姐應該也覺得很傻眼，明明是吃飯時間，這位客人為何要紙呢？

我在美國搭計程車也有類似的經驗，常常碰到計程車司機聽不懂我要去的地方，或是我聽不懂司機問我的問題，更別說跟司機大哥聊天了。後來我學乖了，每次搭車前，一定先把要去的地方寫在紙上，或是輸入在手機裡，當我和司機互相聽不懂對方的時候，就立刻把紙或是手機拿出來。因為我的美國同事告訴我，在美國，尤其是紐約，許多計程車司機都是移民，就連美國人都聽不懂他們的「美語」。

事實上，「語言」的障礙不僅在於我們是否聽得懂字面上的意思。我曾經因為工作的關係在英國住了二個月，好心的同事怕我下班後太無聊，所以推薦我去看一齣倫敦很有名的舞台劇，因為這齣舞台劇很寫實、很幽默，看完後心情會很好。我當時心裡想，我都能在倫敦上班了，每天跟英國人講英文，看部舞台劇應該難不倒我吧！而且又可以打發時間，何樂而不為。結果，二個小時的舞台劇，我有一半的時間不知道為何其他觀眾被逗得哈哈大笑，雖然我都聽懂了演

員說什麼，但我實在不懂其中的笑點在哪。看完舞台劇，忍不住懷疑我跟「英語」是不是好朋友？

💬 語言隨著時代改變

其實，同樣說中文，我們也會碰到不理解，甚至會錯意的情況。例如，如果有一個朋友對你很貼心，事事為你設想周到，我們會感動得跟他說：「你好窩心喔！」可是，我在北京工作時，我對一個非常照顧我的同事說：「謝謝你，這麼窩心！」沒想到她的臉色居然變了，而且很生氣的說：「我這麼關照你，你為何要詆毀我？」當下我聽得一頭霧水，我明明是在感謝她啊，為何她這麼生氣？後來才知道，原來「窩心」一詞，在台灣是「貼心」的意思，但在中國大陸的意思是指「讓人覺得難過、苦悶、受委屈」。

語言是「活的」且隨著時代改變的一個工具，尤其是網路發達後，許多新的名詞紛紛出籠；像是史密斯（什麼意思）、雨女無瓜（與你無關）、穩單（穩定的單身）、尬電（我的老天，God Damn）、呱張（誇張）、塑膠（無視）、94狂（就是狂）、森77（生氣）、藍瘦香菇（難受想哭）、OSSO（喔是喔）、Orz（被打敗、欽佩）、UCCU（你看看你，

you see see you）、氣 pupu（發脾氣）……，這類文字過去被稱為火星文，現在成了流行語。

但同樣語言也會產生不同解讀，兩個世代的不同，15 歲與 70 歲的經驗值不同，答案就會不同。以 2019 到 2020 年在年輕人之間非常流行的「是在哈囉？」為例，意思跟「Excuse me？」或「Hello？」非常類似，就是當有人做了令人無法理解、令人傻眼的事，就可以問他「是在哈囉？」，代表了「你在搞什麼？」、「你在衝啥？」這樣的意思。但老人家聽到可能以為是打招呼，還覺得對方很有禮貌呢！但年輕人是要告訴對方「你是在浪費我的時間嗎？」

試想一下，如果飲料廠商推出兩支廣告，第一支廣告中主角騎著帥氣的機車，喝了一口機能飲料，然後說：「喝XX 飲料，94 狂。」第二支廣告中，主角走過喧鬧的家裡、公司會議室、辦公室的茶水間，然後走到大樓天台說：「不要再旋轉我了。」然後仰頭喝下該品牌的飲料。你覺得這個飲料是賣給誰呢？這個廣告在說什麼呢？沒錯，這個機能飲料的對象應該是年輕人，更精準地說，是有自信，有點反骨的年輕人。廣告想傳遞的訊息是，年輕就應該做自己；如果環境不能讓年輕人隨時隨心做自己時，就讓飲料幫他們做自己吧！

如果我們換個銷售對象，針對銀髮族的長輩，同樣用
「不要再旋轉我」當作廣告的訊息，你覺得那些商品比較適
合呢？長輩們對於「不要旋轉我」的理解絕對不是「不要敷
衍我」。更可能是「趕快解決我的暈眩問題」，所以，打出
「不要旋轉我」的廣告訊息，應該是治療暈眩的藥品吧。

善用相同語言成功溝通

　　使用同一種語言，不僅僅是為了讓被溝通者了解你的訊
息，更重要的，使用同一種語言，會讓溝通雙方有「我懂你
（we feeling）」的親切感。我們常說「隔行如隔山」，除了
各行各業的專業不同外，不同的行業也有自己的術語。如果
有人跟你說，你應該效法被日本媒體稱讚為台灣天才的 IT 大
臣唐鳳的高效工作祕訣──「番茄時鐘法」[1]！你的腦袋中
立刻浮現的畫面是什麼？是三個「？？？」？還是一顆番茄？
還是一個番茄造型的時鐘？

　　如果你在 IT 業工作，或是貴公司導入了「敏捷圈
（Agile）」[2]，那麼當有人提到「番茄時鐘」時，你的腦中
就會立刻浮現了「專心工作 25 分鐘、休息 5 分鐘。如此重複
4 到 5 個回合後，給自己長一點的 15 分鐘休息時間」的高效

率工作法。如果一個機能飲料的廠商，跟 IT 產業的人或是導入「敏捷圈」公司的員工，用類似下面的訊息溝通：

❶ 「番茄鐘工作法」（Pomodoro Technique）是 1980 年代後期，由弗朗西斯科·西里洛（Francesco irillo）所開發的時間管理法。使用如廚房計時鐘、手機計時器或鬧鐘都可以，首先在計時工具上設定 25 分鐘會發出提醒聲，這 25 分鐘是工作時間，計時開始就專心工作，一次只專注做一件事；25 分鐘後提醒聲響起，就站起來動一動，休息 5 分鐘。25 分鐘工作、5 分鐘休息，重複 4 到 5 個回合，然後再給自己長一點的 15 分鐘休息時間。其優點在於管理時間的目的不是做更多事，而是用更短的時間完成目標，也就是提升效率與效能，而非拉長工時。

這個時間管理法中的時間段被稱為 pomodoros，是義大利語單字 pomodoro（番茄）的複數形，至於為什麼叫番茄鐘，只是因為弗朗西斯科·西里洛這個方法的時候，用的剛好是一個番茄形狀的造型計時鐘。在台灣因為新冠疫情期間帶領團隊做出「口罩地圖」而被日本媒體稱為「天才 IT 大臣」的科技政委唐鳳，在接受媒體訪問時提到用「番茄鐘工作法」管理工作效率，引起矚目。

❷ 敏捷圈（Agile）一詞的由來，是 2001 年由包含美國著名的軟體圈大師 Kent Beck、Martin Fowler 在內的 17 位軟體開發專家們齊聚在美國猶他州滑雪場聚會時提出，這群人也就是敏捷宣言的發起者。他們以十多年的實踐經驗為基礎，提出了「敏捷開發」的四大價值觀：「個人與互動」重於「流程與工具」；「可用的軟體」重於「詳盡的文件」；「與客戶合作」重於「合約協商」；「回應變化」重於「遵循計劃」。「敏捷」提倡的觀念是面對不確定的事能具備快速反應的敏捷能力，目前已經有許多國際企業，都已大量運用敏捷的方法在他們的日常營運中。

「只要 30 秒，XX 飲料給你 3 小時番茄時鐘的高效率」

這時被溝通者的腦中可能就會浮現出「所以這個產品可以提升我的工作效率囉」的認知。

「敏捷圈」是這幾年企業很夯的一個管理模式。但是「敏捷」是什麼？很多人聽到的第一個直覺就是產品開發的速度會比較快，員工工作更有效率，或是對於市場和客戶需求的反應迅速。但事實上「敏捷」所提倡的觀念是面對「不確定」的事能具備快速反應的敏捷能力。因為經驗告訴我們，無論是在商場上還是戰場上，快速反應和適應能力都至關重要。所以「敏捷」強調採用公開透明與快速調整的原則來處理訊息多變的問題；讓整個組織可以共享訊息、不分彼此一起協同合作，達到高績效團隊的產出表現。

我有許多朋友的公司導入了「敏捷圈」，將原本的組織架構打散，變成許多專案團隊（taskforce team）。但是因為員工不了解「敏捷」的意義，以為公司是為了節省人力，或是藉著組織改組而調整權力結構；員工「聽不懂」公司策略的結果就是，員工天天提心吊膽的上班，反而讓組織更沒有效率。

▶ 經驗值決定理解度

　　員工為何會覺得公司推動「敏捷圈」就是要搞組織精簡或是人事改組呢？除了語言的障礙外，更大的可能是跟以往的經驗有關。在溝通的編碼與解碼的過程中，人們經常依據自己的「經驗值」來進行假設。不管是成功的經驗，還是失敗的經驗，過往的經驗都會影響我們對事情的認知。

💬 經驗值影響處事心態

　　企業或組織常透過推動新的政策來形塑企業／組織文化，或強化企業／組織體質。例如，每隔一段時間不管企業或是政壇都會出現「世代交替」的聲浪。當歐巴馬在 2008 年以不到 50 歲的年紀當選美國總統，幾年後加拿大總理杜魯道、法國總統馬克宏都是不到 50 歲就治理一個國家。企業當然也不能落人後，所以紛紛推出名為「包容（inclusion）」、「多元（diversity）」、「千禧世代（Millennials）」、或是「Y 世代」等等不同名稱的政策及方案，全力培養年輕人、女性，及打造性別平權的環境。

　　如果你是年輕人，看到這些新政策，可能會因為看到自

己發展的契機而感到很開心；但這個時候走過來三個資深同事，A拍拍你的肩膀說：「加油！好好做，以後就靠你們年輕人了！」；B一派輕鬆的跟你說：「公司的政策聽聽就好，公司搞什麼活動，我們就配合一下，不用想太多。」；C面無表情的走向你，平靜的說：「以後你的工作就自己好好做。」C沒說出來的潛台詞是：「以後你就靠自己吧，別來找我幫忙。」三位資深同事，有著三種不同的反應，不僅是因為他們的個性不同，更重要的是他們以往的經驗影響了他們對於公司新政策的理解，進而產生不同的心態。

從A的表現，我們可以猜測，A相信公司會提拔年輕人，但不會因此阻擋資深員工的發展；或是他已經想退休了，所以不在乎自己的發展。B可能是看過公司以往推動的政策，都只有幾天的熱度，或是流於形式，不會真的改變什麼，所以他解讀（解碼）公司的政策和傳達（編碼）給年輕人的訊息是：「公司的政策不會改變什麼，你不用想太多」。C的潛台詞反應出來他已經開始對年輕人產生防備心，如果不是因為個性，最主要的原因應該是，C以往曾經因為公司推動「世代交替」而獲得升遷機會（當他是年輕人的時候），或是自己的升遷機會被年輕人拿走了。

同樣的，當企業推出「多元包容」、「性別平權」的

新政策時，曾經被女性同事「搶走」升遷機會的男性員工，肯定會感到害怕。相反的，如果一個跨國企業任命了一個亞裔、非裔或是拉丁裔的 CEO，再推出「多元包容」的政策時，相信亞裔或是非裔、拉丁裔的員工，會覺得自己在公司內的發展是很有前景的。

根據經驗值決定溝通方式

我們的經驗決定了我們如何理解訊息。2019 年最夯的韓劇應該就是「愛的迫降」。我的許多年輕朋友們看到劇中男主角的家門口被大刺刺的裝上監聽器，而且北韓的士兵們覺得被監聽是一件「很正常」的劇情時，覺得很搞笑，而且不可思議。不過，我的一位曾經在北韓工作六個月的新加坡朋友，看到這些劇情時，「倍感親切」。他告訴我，他剛到北韓工作時，當地的同事挺親切的，主動跟他說：「我們會幫你收信，而且如果你要寄信，就交給我，我幫你去寄。」當時他覺得北韓的同事人真好，知道他人生地不熟，這麼熱心的幫助他。

在他的認知裡，同事幫忙收信後就會轉交給他，也就是代收。後來他發現，同事轉交給他的每一封信的封口都被

拆開過，雖然又黏了回去，但是拆信的痕跡很明顯。原來在北韓代寄、代收都是審查信件的手段及流程，避免信中散發不當言論或洩密等等。如果我的新加坡朋友先看過「愛的迫降」，他應該就不會想在北韓寫信給朋友了吧！

　　回到台灣，目前糖尿病已高居國人十大死因前四名，以 2019 年的統計數字來看，患者人數已經飆破 230 萬人。糖尿病患者若血糖控制不好，可能會造成末端神經壞死，出現視盲或截肢等結果。所以在國外，醫生治療糖尿病時，胰島素是一個很重要的「武器」，約三成的病患會接受施打胰島素；但在台灣，只有一成的病患願意接受針劑胰島素。這是因為在我們的經驗中，打針代表病情嚴重，而且針頭不乾淨會增加被感染的風險，過去有人罹患 B 肝、C 肝就是因為透過不乾淨的針頭傳染的。所以多數糖尿病患者寧可不斷加重口服藥品的劑量，也不願意打針。就算告訴病患，針劑可以幫助控制糖尿病病情，不至於惡化走到眼盲截肢的狀況，病患還是會聯想到打針有立即問題，無法想到未來的風險。這也是所謂的經驗值差別，因此長期以來，胰島素在台灣推廣困難重重。

　　另外，還有一個有趣的例子是迪士尼出版的花木蘭電影。迪士尼推出過兩個花木蘭電影。迪士尼的第一部花木蘭

電影是 1998 年推出的動畫片，劇中的花木蘭是一位丹鳳眼的美女，雖然當時許多台灣的觀眾覺得只有很少的中國美女是丹鳳眼，但是對於外國人來說，丹鳳眼是中國美女的代表，為了讓外國觀眾知道花木蘭是中國故事，所以迪士尼就把花木蘭畫成一個丹鳳眼美女。時隔 22 年，迪士尼在 2020 年推出真人版的花木蘭電影，由濃眉大眼、英姿颯爽的劉亦菲演花木蘭。我邀請我的姪女和姪兒去看，沒想到他們拒絕我了，因為真人版電影的女主角不像他們小時候看的動畫版的花木蘭有雙眼丹鳳眼，沒有丹鳳眼的花木蘭就不是真正的花木蘭。所以如果要被溝通對象正確的了解和接受，必須依據他們的經驗來「編碼」。

▶以類比、體驗引起共鳴，順利溝通

化妝品牌都喜歡找明星、美女拍廣告或是代言，多年前某個化妝品牌，延請一位被公認為膚質很好的美女代言，廣告中這位美女說了一句：「你看得出來，我每天只睡一小時嗎？」這支廣告不僅立刻引起大家的注意，產品業績也非常亮麗，只因為這個化妝品「可以」讓一天只睡一小時的人也

有美麗的膚質。

　　迎接高齡化的社會，越來越多銀髮族的商品問世，如果我們要溝通的是營養品或是保健食品，那麼找健康的老人來拍一支騎腳踏車或是跑馬拉松的廣告，產品對於長輩們的好處自然是不言而喻。如果我們要行銷的是一個結合 AI 的高科技多功能手錶，長輩不需要知道這個手錶的有多高科技，只要讓長輩和他們的家人知道這個手錶可以讓他們透過快速按鍵跟家人、醫生、好友連線；並把自己每天的血壓數據傳給醫生；還有脈搏監控裝置，只要脈搏停止 3 秒鐘就會啟動急救通知；相信很多銀髮族或是他們的家人就會有興趣一探究竟。

　　買房子，我們都喜歡找交通便利，景觀好的建案。但是什麼是交通便利，什麼是景觀好呢？如果沒有辦法與被溝通對象的親身經驗直接連結，我們可以採用「類比法」找出被溝通對象能理解的例子。例如，建商經常用「公園第一排」、「河景第一排」、「面對千坪國家公園」等等文字來強調這個房子的景觀有多棒。同樣的方法用在凸顯交通便利上，就可以用「10 分鐘到信義區」、「5 分鐘到捷運站」等等文字讓買房子的人「理解」這個建案的交通有多方便。

　　「類比法」中很重要的一部分就是要找到被溝通對象

了解且相信的「參考品」。所以如果要強調餐廳的美味及地位，最快的方式就是：「ＸＸ餐廳是米其林Ｘ星」，或是「米其林餐盤推薦」、「米其林指南推薦」，因為「米其林」已經是美食評鑑的代表。不管你是否知道 ISO 代表哪三個英文字，ISO9001 和 ISO9002 又有什麼不一樣，但是你一定常常看到許多商品甚至服務，強調「本產品獲得 ISO ＸＸＸＸ」來突顯自己的品質。2020 年當小英總統宣布將從 2021 年開放美國含萊克多巴胺的豬肉進口時，GAS 食品安全標章瞬間成為網路熱搜。「米其林」、「ISO」和「GAS 食品安全標章」就是讓人容易了解且相信的類比法參考品。

近幾年來健身的風氣很盛，如果你是 TRX 健身器材公司業務部的主管，你會希望你的業務團隊如何跟不了解 TRX 的消費者溝通呢？如果你的業務同仁是一位擁有六塊肌和人魚線的猛男，我想，他只要跟客戶說：「TRX 是我鍛鍊核心肌群和肌耐力最好的工具」，客戶願意進一步了解產品的可能性就很高。但是如果業務同仁只是一個普通人呢？或許你們可以試試看下面的說法：

「TRX 最早是美軍中最勇猛的海豹部隊用來鍛鍊肌耐力和體能的健身器材，後來因為效果好又可以在任何的地方使用，所以成為喜好健身，鍛鍊肌耐力和核心的人士的首選。」

除了「類比法」，「體驗式行銷」也是一種很有效的溝通方法。透過體驗可以讓被溝通對象立刻理解我們所要傳遞的訊息內容。所以大賣場裡常常有試吃活動，化妝品廠商樂於送試用品給客戶，汽車公司透過試駕讓客戶體驗車子的性能及功能，就連健身房也有體驗課程。IKEA 從創立之初就使用「目錄行銷」，透過目錄讓消費者看到，看懂如何運用 IKEA 的家具，打造一個夢想家園。除了「目錄行銷」，IKEA 的賣場裡也有多個樣品小屋，讓消費者可以親自感受到運用 IKEA 家具裝潢住家的模樣。拜科技之賜，透過 AR 及 VR，現在的體驗行銷更加便利，我們可以在家裡透過 AR 及 VR 就可以虛擬的試穿衣服，試試新髮型、新彩妝；還可以看看新家要如何裝潢，擺放何種家具，才能滿足全家人的期望。

▶ 平衡價值觀差距，順利溝通

說完「語言」、「經驗值」之後，其實價值觀也是影響我們「編碼」和「解碼」的關鍵因素之一。因為價值觀是我們判斷事情的準則，我們行為的依據，我們的中心思想，我們的道德標準，也是我們的信念。

💬 善用價值觀凝聚意識

我曾經看過一齣電視劇，劇中有一段提到司馬光與女子相撲的故事，讓我印象十分深刻。北宋嘉祐年間，每逢正月都舉辦燈會和百藝表演，某一年當時的皇帝宋仁宗偕后妃參加百藝表演，其中一段女性相撲比賽，表演者們的亮麗風采和精湛技藝打動了宋仁宗，當即賞賜選手予以獎勵。但這件事情卻引起司馬光上奏摺《論上元婦女相撲狀》給宋仁宗，奏摺中提及女子怎可坦胸露背在眾人面前表演相撲，妨害風俗且無禮教。還嚴厲指責仁宗貴為天子如此輕浮成何體統，最後更強烈要求禁止女子相撲運動。司馬光的價值觀傳統又保守，所以無法接受女性在街市上「拉拉扯扯」、「衣不蔽體」的不得體行為，不管他人如何解釋，甚至連皇帝出面，司馬光還是無法理解和接受這樣的表演，因為這樣的表演違反了他的價值觀。

再看看地處中國和印度兩大鄰國間的不丹，擁有 80 萬人口，曾經以國民幸福指數（Gross National Happiness，簡稱GNH）全球最高聞名於世。前不丹國王吉格梅・辛格・旺楚克於 1974 年提出 Gross National Happiness 的概念，他認為「政策應該關注幸福，並應以實現幸福為目標」，人生「基本的

問題是如何在物質生活（包括科學技術的種種好處）和精神生活之間保持平衡」。在不丹執政者的帶領下，「精神生活」的重要性成為不丹民眾的主流價值觀，儘管不丹的 GDP 遠遠落後許多國家，卻在 21 世紀初成為「最幸福的國家」，成為許多高 GDP 國家人民的羨慕與追捧對象。

2018 年韓國瑜以黑馬之姿，拿下近 90 萬的高票，當選了高雄市市長，不僅是繼吳敦義之後，20 年來的第一位國民黨籍的高雄市長，也在台灣政壇掀起了一陣「韓流」，並在韓粉的力拱下參選 2020 年的總統大選。然而這股「韓流」並沒有流行太久，2020 年的 6 月，同樣在高雄，超過 90 萬名的高雄市民用選票罷免了韓國瑜。讓高雄的鄉親們在不到兩年的時間裡有這麼大轉變的原因很多，其中一個就是高雄市民不斷「聽到」韓國瑜「背叛」高雄鄉親們，和高雄只是韓國瑜往上發展的墊腳石……等訊息，而這些正是違反高雄鄉親們價值觀的行為。

2020 年的美國總統大選，從競選到開票，一路都充滿驚奇。雖然許多人覺得川普總統行徑非常「我行我素」，加上對 COVID-19 的防疫處理不佳，又有白人警察打死黑人的多起事件，引發許多美國人對川普很反感。但是川普仍贏得許多選民的支持，還有死忠川粉在開票過程中，相信會有人作

票來傷害川普。除了川普一直以來強調的「美國第一」和「讓美國再次偉大」，符合美國長期以來的主流價值。他在 10 月份宣布罹患 COVID-19，並住進在沃爾特‧里德國家軍事醫學中心（Walter Reed National Military Medical Center）三天後，迅速的出院，並在回到白宮後立刻脫下口罩，向美國人表示他已經「戰勝」COVID-19。並在 10 天後繼續他的競選行程。川普從確診到住院：1 天；從住院到出院：3 天；從確診到被宣布康復：10 天。如此神速，不僅創下 COVID-19 的康復紀錄，更「展現」出他是強人，英雄的形象。而英雄、強人，正是美國人重要的價值觀，這點相信大家從許多好萊塢電影中都可以看到，當然最知名的就是漫威的英雄系列電影。

 **時代、社會改變價值觀**

以前人常說「養兒防老」，現在人則說「養老防兒」。不過，不論是「養兒防老」，還是「養老防兒」，聽在西方人的耳裡都覺得不可思議，因為在西方的價值觀裡，小孩成年後就應該搬出去獨立，不應該期待父母繼續當他們的財務支柱；父母年邁時，也不會期望子女奉養他們。但是隨著環

境變動，和我們經歷過的事情，人們的價值觀也可能隨之變化。例如，2006 年的好萊塢愛情喜劇「賴家王老五」，描述父母為了讓一個超過 30 歲的大兒子搬出去獨立，聘請美女來「追求」他的故事。在當時觀眾覺得故事題材很新鮮，但是現在美國年輕人繼續「陪伴」父母的比例越來越高。尤其是在 COVID-19 之後。根據美國民調機構皮尤研究中心（Pew Research Center）2020 年 7 月調查結果顯示，52% 的 18 至 29 歲的年輕人與父母同住，人數高達 2660 萬，比率超過美國經濟大蕭條（The Great Depression）的高峰。

在台灣的情況剛好相反，在我們父母的那一代，孝順就是跟爸爸、媽媽住在一起，侍奉雙親；用餐的時候，上桌的雞肉挑出雞腿給父母，子孫滿堂讓父母盡享天倫之樂。到了現在，台灣三代同堂的比例有下降的趨勢，根據行政院性別平等會的調查資料，2019 年三代同堂的比裡只有 13%（資料來源：行政院性別平等會 https://reurl.cc/e8Z2bm）。現在的中年人，孝順不再是與父母同住，可能是幫父母找高級的養生村；若是父母變成單身，那麼幫忙找到老伴就是給父母最好的幸福。現在 20 歲的年輕人，對孝順的看法則是傾向不與父母同住，不拿錢奉養父母，選擇居住離家 20 分鐘車程的地方，每周打一次電話給父母，聊天報平安。

在 21 世紀初最幸福的不丹，現在也不「快樂」了。聯合國 2016 年《世界快樂報告》（*World Happiness Report*，簡稱 WHR）顯示，不丹排名 84；一年以後的 2017 年最新排名變成 97 名，節節敗退。最新的 2020 世界最快樂國家排行中，已經不見不丹的名字。為什麼不丹人不再快樂了？有報導提出當地醫生的說法，隨著經濟社會的發展，網路手機進入不丹，許多導致憂鬱的因素也快速增加，城鄉差距、大家庭的分裂、失業問題、藥物濫用與酗酒等。加上貪污、貧窮、失業及犯罪幫派盛行，導致不丹幸福、快樂的指數不斷下跌。

COVID-19 讓美國的年輕人割捨獨立生活改與父母同住、不丹人民不再快樂……，這些例子讓我們強烈感受到，隨著時代改變，價值觀也會隨之改變。在 80 年代前，台灣忙著拚經濟，對於環保並不那麼重視；但是現在環保不僅是主流價值，甚至延伸到整個生態保育都是社會的主流價值。愛美是女人的天性，但是不同時代，我們對於「美」的標準不同，對於如何變更美的方法也有不同的期待。過去女人皮膚白就是美，所謂的「一白遮三醜」，說到好的化妝品，就是要能強調美白的效果。後來愛美的女士們，對於美的定義除了皮膚白，還要光滑細緻；所以化妝品牌溝通的重點就變成讓女生的皮膚「緊緻」、「除皺」、「看起來像蛋殼一樣的光滑」。

演變至今，我們不僅要人美，心也要美，所以好的化妝品，不僅要讓我變美，更要是具備天然的、有機的，符合環保的條件，使用的每一個原物料跟包材，都不能傷害大自然。

💬 根據價值觀量身訂做溝通重點

跟不同價值觀的人溝通同一件事情，得「畫不同的重點」，才能讓他們「聽得懂」。假設有兩組人，一組是實用主義者，另一組是追求時尚與流行者。如果你要賣一支 AI 手錶給他們，對於實用主義者來說，溝通的重點是：「這支手錶兼具計時、手機、健身手環的功能，還能收發 email 和通訊 App 的訊息，也能遠端遙控家中的電子設備，最重要的是有三年免費保固。」對於追求時尚與流行的人來說，使用「這是 Channel 首支 AI 智慧手錶」，或是「愛馬仕的走秀款」，或是「名人、明星追捧的手錶」等形容詞，要比詳述手錶本身的功能，更能讓他們「聽懂」這隻手錶的價值。

假設我們要行銷的商品是高價礦泉水，只要強調這瓶水是英國皇室御用，或是某些名人唯一喝的飲料，或是最新的科技研發出來的水，追求時尚與流行的人士就會很感興趣。但是對於實用主義者來說，這些訊息比不上這瓶礦泉水對我

們身體有什麼好處來得重要。

　　價值觀的重要性也反映在倡議溝通上，如同我們在前一章所提到的同婚合法化的例子。當社會價值觀改變了，我們才能聽懂同婚合法化對於人權的意義與價值。如果我們希望政府投入更多資源在照顧全民的健康上，讓醫護人員有更好的待遇、讓更多創新的醫療科技與藥品納入健保，降低人民因病而窮或是因為醫療費用而拉大社會貧富差距；那麼我們就必須讓「健康是人權的基本」這個觀念，成為社會的主流價值。

　　此外，有時候被溝通對象聽不懂我們的訊息是因為對於溝通的議題，或是負責溝通的人有情緒或是有立場。例如2020年美國總統大選時，川普的支持者堅信郵寄選票一定有問題；2014年發生的頂新油品事件在當時引發社會公憤，媒體紛紛以「黑心油事件」來報導此事。雖然2019年法院判定頂新無罪，媒體也改用「劣油」取代「黑心油」，但是網路上仍有許多鄉民堅信頂新賣的是「黑心油」。

　　當被溝通對象有強烈的情緒與立場時，很難進行有效溝通。最好的方式是先冷處理，緩和情緒；再了解被溝通對象最在意的事情，並找出雙方共同的利益點，才能有機會理性對話。

商業溝通的終極目標
——付諸行動

　　每年到了年底和農曆年前，都會有一波換工作潮，因為大家拿了年終獎金，就會想要試試其他的機會。小明也一樣，在公司待了三年，工作表現優異，也頗受老闆肯定，但他想去外面闖盪一下，因此，小明就把自己的履歷表，放上專業人員的求職網站，沒多久就收到 A、B、C、D 4 家面試通知，面試後每家公司各自提供小明不同的薪酬條件。

A 公司是家知名大企業，直接開出年薪 100 萬的價碼。

B 公司是家新創公司，提供小明的一年底薪 100 萬，外加年度績效獎金 60 萬。但值得注意的是，這家公司不久前才被媒體披露有倒閉的可能性。

C 公司也是一家新創公司，提供小明一年底薪 80 萬，外加每月最高 5 萬的業績獎金，年底還可期待公司發放績效獎金或股票。

Communication Master

D 公司一年底薪 90 萬，公司提繳退休金百分比增高，同時承諾提供專業培訓，以及保證任職屆滿 2 年後送出國公費進修。

這 4 家公司提出的條件各有千秋，小明很難下決定，所以請幾位好朋友給他建議，結果他發現：

追求工作穩定和屆臨退休的朋友，建議他選 A。

想挑戰業務領域及業務高手型的朋友，建議他選 C。

剛出社會，對前途充滿信心及熱情的人，雖然 C 公司提供業績獎金加上績效獎金，但後者不一定領得到，尤其在疫情期間；因此想追求收入穩定，又有升遷機會的朋友，建議他選 D。

四個方案，各有優缺點，小明的朋友們依據他們當下的心理狀態及需求，各自提出了不同的建議，不論是哪一個建議，他們的共通點就是，從人們的選擇可以看出「趨吉避凶」是人們的天性，「趨吉」就是選擇對自己最好的薪酬組合，例如可以每月順利領到薪水的工作，或是高額獎金，或是出國進修；「避凶」則是沒有考慮有倒閉可風險的公司。如果你是小明，你會怎麼選呢？

有效溝通的目標就是要讓被溝通者在「聽到」和「聽懂」我們傳達的訊息之後，做出我們希望看到的行動。讓被溝通對象採取行動的「驅動力」，就是我們訊息中的「意義」是否能讓被溝通對象「趨吉避凶」。

人類與生俱來趨吉避凶的本能

　　瑞士心理學家卡爾·榮格（Carl Gustav Jung）認為「驅動力」是個體在環境與自我交流過程中產生的，累積了個體的歷史經驗與心理體驗後，在腦中反映出來，具有驅動效應的想法。「趨吉避凶」則是人類的本能，遠古時代的人們懂得躲避兇猛的野獸以保護自己；但是為了找尋食物，又訓練自己成為獵人，獵殺動物，原因無他，只因為要活下去。

　　現在的人，如同榮格所說的，我們過去的經驗和心理體驗，讓我們對於什麼樣的事情才能「趨吉避凶」有了更深層、更複雜的定義。然而不論多複雜，如果我們接受到的訊息，具有「趨吉避凶」的意義，就會啟動我們的驅動力，讓我們付諸行動。還記得第一章裡我們曾經提到，小明在小島上口渴的時候會買什麼樣的飲料的例子嗎？如果有小明喜歡的咖

啡，身為咖啡控的小明會優先選擇咖啡，這就是「趨吉」；但若當時商店裡的飲料標價太高，超過小明口袋裡所有的錢，或是買了咖啡小明就沒錢吃飯，那麼小明就只能忍痛放棄，這就是「避凶」。

現實生活中，我們也常見到「趨吉避凶」的案例。2020年初，COVID-19 疫情爆發後，由於造成感染的冠狀病毒會藉由飛沫與接觸傳染，因此台灣醫界呼籲社會大眾，自身防疫第一步就是「勤洗手、戴口罩」；加上大家對於 2003 年SARS 的「可怕」經驗記憶猶新，口罩立刻成為人人必備物品。但初期因為口罩數量嚴重不足，經濟部在 2020 年 1 月24 日宣布暫停口罩出口，優先滿足內需；大約一周後的 1 月31 日，更宣布徵用所有口罩工廠的口罩，統一管理口罩的分配及產量，施行「口罩實名制」，這是政府在疫情爆發後，口罩不足的情況下採取的第一步「避凶」的動作。當時政府緊急釋出戰備口罩，每片口罩賣台幣 6 元、每人限購 3 片，立刻引發搶購潮。

我當然也不例外的加入了搶購口罩的行列。當時電視新聞報導各家便利商店都會販售口罩，我立刻到家裡附近所有的便利商店去詢問「何時開賣」口罩，還做好一張時間表，告訴家人，買口罩的時間及路線圖。沒想到第一家就凸槌

了，因為我估算錯誤，我以為提前 10 分鐘去排隊就好了，沒想到當我抵達便利商店時，店門口早已排起長長人龍見不到隊伍的尾端，害我鎩羽而歸。

學到教訓的我，第二天決定提前 45 分鐘去藥局門口排隊，沒想到運氣太好了，居然還沒走到藥局，就發現對面的便利商店門口停了一台送貨車，我心想「這台貨車裡一定有口罩」，立刻飛奔去貨車旁探頭探腦的看裡面有沒有口罩。當我看到口罩時，開心的程度如同中了樂透一樣，我立刻衝進便利商店跟店員說我要買口罩。話才說出口，旁邊買東西的顧客們聽到了，馬上七嘴八舌地大聲問：「你們的口罩到了嗎？我也要。」頓時讓結帳櫃台亂成一團。

店員狠狠的瞪了我一眼後說：「我們 7 點才開賣。」當時才 6 點鐘，也就是說還要 1 小時以後才開賣，顧客們就群起發難，問店員為何口罩到了卻不賣給大家。店員無奈的說：「貨到了，我們總要整理一下吧，還要分裝，各位顧客請到外面排隊吧，不要阻擋後面要結帳的人啊！」可見人們對於「用口罩避凶」的想法有多麼強。

▶ 「未知」令人心生恐懼

為了處理「口罩之亂」，政府在 2020 年 2 月 6 日開始了「口罩實名制」政策，民眾憑健保卡購買，口罩價格降至一片台幣 5 元，每人每周限購兩片，且僅限在藥局販售，希望遏止民眾囤積口罩，優先將醫療用口罩提供給前線醫療、防護人員。同時，2 月 7 日衛福部網站發布訊息，搭乘通氣量足夠的大眾運輸（如公車、捷運、高鐵），不用擔心不戴口罩會被感染，不必戴口罩，只有在看病、陪病、探病的時候要戴，或是有呼吸道症狀者應戴口罩，有慢性病者外出則建議戴口罩。

雖然政府說，不用強制戴口罩的原因是台灣沒有本體的社區群聚感染，但是社會大眾並不買單。不僅網路上許多網友在 ptt（批踢踢實業坊，簡稱批踢踢）上貢獻答案：例如「口罩的產量不足」、「因為你們一天用掉 1000 萬個口罩很浪費」、「其實就是口罩不夠，只好洗腦你」、「因為口罩不夠給所有人每天戴」、「就口罩不夠，直接跟你說不用戴啊，根本本末倒置，產能就這樣」等等；社會大眾更是以實際行動，扶老攜幼的到藥局門口排隊買口罩，直接打臉政府的呼籲，看來政府的口罩「避凶」政策未達到預期成效。

為什麼社會大眾寧可花時間排隊，也不相信政府的呼籲呢？我不是醫生也不是公衛學者，我不知道 2020 年 2 月的台灣是不是應該強制戴口罩？但是如同心理學家卡爾‧榮格說的：「我們看待事物的方式，而不是事物本身如何，決定著一切」。因為 COVID-19 成為媒體報導的焦點，加上網路瘋狂轉貼分享，讓大家對於這個不了解的傳染病心生恐懼。

　　而且當時有多艘郵輪成了海上染疫中心，不僅是讓豪華郵輪成為人球，各國紛紛拒絕讓它靠岸；曾經靠岸的地方、政府、人民更是繃緊了神經。當我們看到新聞報導，在 1 月 31 日，載著 41 位 COVID-19 確診患者的「鑽石公主號」郵輪靠岸基隆，並在國人渾然不知的狀況下，有 2600 多人下船到台北地區進行觀光。雖然我們不知道下船的 2600 多名旅客中，是否有感染者或是帶原者，但是我們推定「他們一定把病毒帶進台灣了，為了避凶，我們必須囤積口罩來保護自己。」

　　到了 4 月 4 日，指揮中心宣布搭乘大眾運輸工具應全面戴口罩，未戴者不聽勸最高可罰 15000 元。原因是台灣出現了零星的社區感染和不確定來源的感染者，更重要的是歐美疫情快速延燒，境外移入的個案大幅增加，政府為了「避凶」，必須提高防疫標準來防堵疫情，不僅大家要保持社交

距離，口罩也要戴好戴滿。

　　後來，台灣的防疫措施在 6、7 月稍微放寬，不僅是因為台灣疫情在控制中，也沒有什麼重症病例；更重要的是旅遊相關業者，在疫情的衝擊下奄奄一息。政府為了「避凶」趕快推動紓困方案，不僅放寬了防疫標準，還幫忙促銷旅遊景點，悶壞了的民眾也在「趨吉」的心態下，很配合地展開報復性旅遊，戴口罩的人也立刻變少了。但是有些藥局或是藥妝店，仍然出現排隊人潮，這些排隊的人不只是買口罩，而且想買的是時尚口罩，因為口罩已經變成我們生活中的重要的配件了，戴上時尚口罩可以獲得親友的讚嘆聲，和路上行人的羨慕眼光。這時候的口罩隊伍追求的不是「避凶」，而是「趨吉」了。

▶採取有利自我的行動，趨吉避凶

　　人們接收到趨吉避凶的訊息後，就會採取對自己最有利的行動。2020 年秋天，歐洲出現 COVID-19 的變種病毒，疑似西班牙度假的旅客帶回各國，造成第二波疫情持續升溫，讓歐洲再度成為「疫情大流行中心」，人心惶惶。法國總統

馬克宏在該年 10 月 28 日晚間緊急發表全國直播，宣布法國將再度因應防疫緊急狀態，自 10 月 30 日開始至 12 月 1 日止重新啟動「全境封鎖」，阻止 COVID-19 的第二波重症與死亡病例擴散潮。法國第二次封城是以「維持經濟基本運作」為底線，因此製造業、農業與高中以下包括托兒所在內的各級學校，以及政府機關的公務窗口，都將如常上班上課；但餐飲、酒吧、觀光與「非民生／醫療必要」的服務業，都必須暫停營運；未受開放或停業明文限制者，則必須以「遠端工作為第一優先」。

儘管再次封城的管制，看起來似乎比第一次感到「更人性化」，但仍有民眾忙著到超市囤積麵條、衛生紙等民生必需品；或者趕緊邀請親朋好友到餐廳和酒吧，享受相聚時光。最令人印象深刻的是，從各新聞報導中看到，很多人法國人試圖在午夜封城令生效前離開城市，首都巴黎交通爆量，車陣蔓延 700 公里，很多人狂按喇叭，逃亡人潮心情焦急又緊張，完全不顧這種「逃亡」可能會破壞政府的防疫規劃，原因只有一個，上一次的封城留下令人害怕或不舒服的經驗。

同樣的狀況也發生在英國倫敦，2020 年 12 月 19 日，當英國人正準備透過「聖誕泡泡」來慶祝聖誕節的時候，英相

強生宣布倫敦疫情警報等級從 12 月 20 日起升級至第 4 級，先前宣布的 5 天鬆綁耶誕過節計畫也將取消。因為英國出現了一個新變種病毒株，而且這個新變種病毒株可能比舊病毒株增加 70% 感染率。這個如原子彈般的爆炸性新聞一出，大批英國人如逃難般，趕在封城前夕離開倫敦。許多歐洲國家甚至禁止來自英國的人、貨入境，不但造成機場、車站塞爆了，交通大阻塞，貨物無法運送，甚至許多人有家歸不得。

如同榮格所說的，我們的「驅動力」是依據我們的經驗與體會而形成的判斷，所以當法國人聽到要二次封城，英國人聽到疫情警報升級，就立刻展開大逃亡；當我們聽到氣象局公布颱風來襲消息時，有意出遊的民眾，就會立刻取消旅館訂房、高鐵或火車車票退票、餐廳退訂等等。

「趨吉避凶」的訊息，可能是很實際或是很理性的，例如 2020 長榮航空舉辦的「長榮航空城市觀光半程馬拉松比賽」，因賽前即宣布為了感謝跑者們的熱烈支持，將由長榮航空提供國際線長程不限航點經濟艙機票、亞洲區不限航點經濟艙機票，以及立榮航空國內線不限航點經濟艙機票讓參賽者抽獎，即使在 COVID-19 疫情影響下，2 萬個名額依舊秒殺。

或者每當油價調漲即將消息一出，加油站就會有長長車

輛隊伍，排隊加油。此外，很多女性朋友、婆婆媽媽接收到各百貨公司、大賣場周年慶活動訊息後，不但呼朋引伴搶便宜，行前還會好好根據優惠 DM 制定搶購攻略，舉凡搶購「限量商品」、「回饋 combo 技巧」；或是獲得週年慶禮券、現金、點數回饋攻略；還有刷信用卡賺信用卡回饋、拆單結帳賺禮券；行動支付累積點數享折扣等等，比優惠、比特惠組、滿額禮和來電禮等等都先做好分析和做好萬全準備，再優雅參加週年慶盛事，買到開心為止。

▶ 理性與感性訴求，啟動驅動力

　　要打開消費者理性的驅動力開關，就要從務實面著手。百貨公司周年慶的來店禮，往往是周年慶大戰中，吸引消費者的重要工具。以往來店禮多為當時最流行的時尚、可愛、獨特的商品。但 2020 年的 COVID-19 疫情爆發後，百貨公司除了推出線上周年慶、線上來店禮；或許可以考慮將來店禮轉成直接的折扣或是無使用期限與範圍的禮券，讓因為疫情影響收入的消費者們，可以得到立即且實際的優惠。

　　台灣多數百貨公司的周年慶都在第四季，非常靠近聖誕

節，在疫情時代，百貨公司或許可以考慮設計多種線上來店禮，以及低門檻的滿額禮，並提供免費包裝及運送服務，幫小資族群的消費者，將這些精緻的滿額禮或來店禮，寄送給不同的朋友當成聖誕禮物。但對於 M 型社會裡的高消費能力族群，這個方法就不合適。對於高消費能力的族群，專人服務及獨特有品味、高質感的商品，才是打動他們理性閥門的驅動力。

為了吸引民眾走出門，在國內旅遊，交通部推出安心旅遊方案之外，各縣市政府加碼端出更多優惠。例如在台北，除了 1000 元的住宿優惠之外，由於台北旅宿價格高於其他地方，因此國內旅遊很少選擇住宿台北，如果我是台北市觀光主管單位，我必須思考如何能增加誘因及配套措施，吸引遊客來台北旅遊及住宿。例如舉辦馬拉松（因為起跑時間在清晨，外縣市的人必須提前來台北住宿），或是邀請國際性的知名表演團體（因為表演完時間很晚，觀眾留在台北住宿的機會比較高），或對小朋友有吸引力的展覽及活動，或是精彩難見的展覽等配套活動。

民眾總愛「虧」政府是「看報紙」、「看網路」施政，其實無論古今中外哪一個政府都很重視民意，因為失了民心就可能失去執政權。以前的皇帝透過各地方呈報的奏書和親

自走訪地方來了解民情，決定施政方向；現在的政府，則是透過各種輿情分析、民意調查、大數據分析來掌握民意的走向，決定施政方針。

例如，2020 年民進黨政府宣布自 2021 年 1 月 1 日起開放含萊克多巴胺（俗稱瘦肉精）的美國豬肉（本書簡稱：萊豬）進口。為何曾經激烈抗爭，甚至在 2012 年走上街頭抗議的民進黨，會同意讓含瘦肉精的美國豬進口到台灣？政府不諱言是因為要爭取美國在國際經貿、外交上的支持，也就是希望透過開放萊豬，交換到實際的國家利益。但是在強大的民眾抗議聲浪下，政府不得不推出萊豬進口五大管理原則，並向國人保證，一定會先逐批查驗，合格後才能進口。

除了實際的利益與理性的思考，很多時候「趨吉避凶」的訊息，打動的是我們的情緒或感性面。例如，2003 年的一個咖啡廣告裡，一位暖男深情款款的對著心儀的女孩說出「再忙，也要跟你喝杯咖啡」，立刻打動了許多人的心，這句經典台詞，不僅帶動咖啡的銷售，當選當年的廣告金句獎，更被許多人延伸到「再忙，也要跟你……」。

相信許多男生都有過這些經驗：情人節前，趕快訂花送給女朋友；聖誕節前，趕緊安排聖誕大餐；女朋友生日到了，趕快準備生日禮物和燭光晚餐。送花、買禮物、吃大

餐，都是要花錢的事情，從務實的利益角度來看，似乎不怎麼划算；但是，做了這些貼心的舉動，能讓女朋友感動、開心，兩人的感情升溫，男朋友們的心情自然也就變好。

所以聰明的商人們，總會透過溝通，創造出感性需求的連結，在這些特殊節日時大打廣告，鼓勵男朋友們花錢，甚至會貼心的幫男朋友們規劃好各種讓女朋友驚喜的方案，或是特惠商品；就是要讓男朋友們「輕輕鬆鬆」的滿足心理及情緒上趨吉避凶的需求。

▶ 感性需求增加好感度

我們除了在談戀愛的時候感性需求非常發達，小孩和長輩也很能刺激我們的感性需求。台灣近年來的少子化趨勢，除了讓政府從理性面正視這個國安危機，推出許多方案希望提高生育率來「避凶」；許多父母、祖父母，甚至是叔伯阿姨們，對於小朋友的寵愛，根本無上限。所以聰明的商人們，就會推出許多商品來滿足這些長輩們寵小寶貝們的「趨吉」感性需求，從食品、玩具、衣服、鞋子，到學習工具、運動課程等等，只要能讓小寶貝們開心，長輩們都很樂意讓

荷包失血。

　　除了小孩，我們對於家中的長輩也很關心，雖然可能因為工作、家庭兩頭燒，會無法做到貼心的問候，但只要是業者透過感性行銷，總能打動我們的心。所以我們常常看到要賣給長輩的商品，卻是把銷售對象鎖定為子女，不論是走親子一起出遊、活動的溫馨路線；還是用默默守候在忙碌的中年人身後，卻不小心被中年人放在生活優先順序後段的年邁父母的身影來打動中年人的心；甚至創造新的節日，例如祖父母節，來提醒我們要孝順、關心父母，都能打開我們感性的閘門，進而刺激我們的消費。

　　除了自己身邊的人，弱勢族群、環境生態、毛小孩等等，都會觸動我們感性的天線。所以許多廠商會搭配公益活動來促銷商品，例如「你買東西，我捐錢」，或是透過幫弱勢團體銷售商品來吸引消費者到線上或線下的商店。許多企業投入公益活動，不但盡到企業的社會責任，更增加消費者對他的好感度，讓消費者做選擇時，除了從理性面看到商品的價值，更能有感性面的加分。

　　感性的驅動力，不僅影響我們的消費行為，也影響我們的政治判斷。財團法人台灣民意基金會在 2020 年的 11 月公

布一份最不受歡迎的六都市長的民調，其中最不被欣賞的六都市長第一名為高雄市市長陳其邁，陳其邁上任才短短幾個月，為何就從一個暖男形象，成為最不被欣賞的市長呢？基金會董事長游盈隆指出，主因是罷免案後國民黨與韓粉對陳市長的反感。坐民調雲霄飛車的不只陳其邁一人，他的前任市長韓國瑜更是台灣政治史上，民意支持度改變最大的人。

2018 年高雄市長選舉，韓國瑜以黑馬之姿，拿下長期由民進黨執政的高雄，儼然成為國民黨的大功臣與未來希望，看似政治前途一片美好。誰也未料想到不至 2 年的時間，韓國瑜就被罷免成功，成為台灣史上第一位被罷免的縣市長。更令人震驚的是，當年韓國瑜選市長時拿下 89 萬票，不到兩年後卻被 93 萬人罷免下台，希望他下台的高雄市民，比當年支持他上台的人還多。許多專家分析韓國瑜大起大落的原因，大多不脫離韓國瑜市長位置還坐不到 1 年，立即參選總統，讓高雄市民認為他無心市政，「背叛」高雄市民對他的支持，惹怒了高雄市民。

另一位創造民意支持度大逆轉的是蔡英文總統，2018 年民進黨在縣市長選舉中大敗，她本人的聲望也跌落低點，但是 2020 年的總統大選，她不僅反敗為勝，還一舉拿下台灣總統選舉史上最高的得票數，其中一個非常關鍵的因素就是年

輕人對於「芒果乾」的強烈認同感。有趣的是，根據中華民意研究協會於 2020 年 8 月 20 日公布的台灣人民當前兩岸情勢看法最新民調，民調顯示僅有 7.5% 民眾認為未來兩岸關係會愈來愈好情況下，卻有 79.6% 台灣民眾認為大陸不可能犯台。所以雖然民眾認為「芒果乾」或許不會發生，但是它所帶來的情緒衝擊卻直接影響到台灣民眾的投票行為。

▶ 價值觀影響趨吉避凶行動力

2020 年底美國總統川普在全球目光焦點的第 59 屆美國總統大選中落敗，選舉過程高潮迭起，宛如一場戲。這場大選塵埃落定後，雖然川普落敗，但是在普選票（普選票是指所有的選票，不是選舉人票）的得票率，拜登只領先川普不到 5%；選前的許多民調也顯示川普的支持度在四成左右。

為什麼有這麼多的鐵桿川粉，不管美國疫情多嚴峻、

---

❶ 2019 年網路上出現「芒果乾」流行語，諧音亡國感，是指許多人對於國家未來前途命運的焦慮、對於中共的恐懼抵抗，也是大多數具有投票權的公民都很關心的議題；在總統大選期間，也成了藍、綠兩大陣營候選人之間的攻防主軸，因此也曾有媒體認為「芒果乾」的戰略運用將可能成為決定 2019 總統選戰勝負的關鍵。

經濟衰退多糟糕，仍然支持川普？我相信川普的許多政策與發言，如禁止移民、不再當國際警察與褓母、飆罵中國是小偷和病毒製造者等等，都成功的挑動了中西部、保守派，且認為外國移民和中國搶走了他們的稅金及工作機會的選民的「感性」神經；選民們將自己生活不如意的情緒，投射在對川普的期待與支持上。

此外，川普用英雄形象來包裝自己，不但大聲說要蓋圍牆阻止墨西哥移民，也對中國嗆聲，還在罹患 COVID-19 幾天後就神奇的恢復健康。川普把自己打造成漫威英雄般的人物，可以拯救美國，甚至於全世界，讓美國再次偉大，這種包裝正好與美國的價值觀相符。

美國的比較神話學大師約瑟夫・約翰・坎伯（Joseph John Campbell），在其 1949 年出版的《千面英雄》書中提出了英雄旅程公式：「一個英雄從平凡世界冒險進入一個非常世界，得到了神話般的力量，並取得了決定性的勝利——英雄帶著某種能力從這個神祕的冒險中回來，和他的同胞共享利益。」正如同電影《復仇者聯盟》中的漫威英雄們，雖然有並不那麼厲害的開始，其中後來成為美國隊長的史蒂芬・羅傑斯原本身材弱小，鋼鐵人東尼・史塔克則有著痞子形象。但後來鋼鐵人遇到了危機，美國隊長參與了重生計畫，

讓他們各自獲得了一種獨特的能力並且開始冒險旅程。他們和其他英雄，一路上也曾懷疑自己的力量，也曾失敗，但最終都能夠克服重重困難，完成不可能的任務。人們喜歡英雄，因為英雄展現了我們真實生活中沒有的能力與勇氣；英雄總能獲得翻轉式的成功，觸動了我們心裡對反敗為勝，和成功打擊甚至報復壞人的渴望。

從川普的例子還可以看到，「趨吉避凶」的訊息除了可以是訴求感性的認同，還可能是因為符合被溝通對象的價值觀。我們在第三章提到台灣是亞洲第一個同婚合法化的國家，是因為政府聽到了許多支持的聲音。其實當時也有許多反對的聲音，尤其是來自於教會的反同婚聲音。基督教的基本教義是「神愛世人」，所以絕對重視人權，但是對於同婚這件事，卻非常反對。不是教會不重視同志的人權，而是同婚這件事情，違反了教會的價值觀，越過了教會的價值底線，才會不僅上街頭遊行呼籲，更提出反同婚的公投法案。

限制與驅動力為行動關鍵因素

價值觀是我們判斷事情和採取行動的準則，如果我們想

說服被溝通對象，除了給予理性或感性的誘因外，也可以透過符合其價值觀的訴求，來激發他們的內驅力。例如，建設公司推出大三房的建案，如果要賣給 45 歲以上的中年人，可以打出「大三房，除了核心家庭成員住的舒適，還有一間孝親房，讓三代同堂，共享天倫之樂。」因為現在 45 歲以上的人們多半仍有傳統的價值觀，不但要照顧小孩，還要對父母盡孝。但若這個大三房的建案的目標對象是 25 ～ 35 歲的上班族，那麼這個行銷訴求，就不是孝親房，而是多一間娛樂室或是書房。畢竟現在年輕人的觀念裡，並不想跟長輩同住；加上 COVID -19 之後，宅經濟、宅生活更加興盛，娛樂室或是書房的規劃就很符合 25 ～ 35 歲的價值觀。

讓我們再看看另一個例子，亞洲人和歐美人士在花錢的習慣大不同。歐美人士習慣透過貸款來立即享受各項事務，大到買房子、買車子，小到買衣服和日常消費品。但是亞洲人相對比較保守，喜歡儲蓄，不喜歡欠債。所以如果車商要跟歐美人士溝通時，一定會強打車子性能的優異性、功能性，和各項優惠貸款方案；但到了亞洲市場，雖然車商一定也會打出零利率的優惠貸款方案，但更能打動消費者心的是車子的性能，高 CP 值，低維修保養費和省油。不同年齡層的價值觀也有差異，所以若是車子要賣給中年人，性能、CP

值等訊息較能打動他們；但若是對年輕人，車子的性能、外觀或是偶像的加持，才是更能打動他們的訊息。

在第二章中，我們曾經提到驅動力和限制也是影響決策者與影響者會不會行動的關鍵因素之一，尤其當限制大過驅動力時就不能實行。舉例來說，因為健保缺口太大，衛福部喊出 2021 調漲健保費率，否則健保將有可能面臨破產。但每回拋出健保費用想法時，只要碰上民眾反對聲浪大，就無法執行或縮小漲幅，這正是限制（民眾反對）大過驅動力（彌補健保缺口以維持健保得以持續）的真實案例。

再看另一個例子，全球各國、各城市，為了避免受到 COVID-19 的波及，都曾考慮或實施封城。但當英國疫情發生初期，英國政府採取不積極作為、不主動篩檢、輕症不治療、學校也不停課的「佛系防疫」措施，希望達到「群體免疫（herd immunity）」的目標，也就是說只要夠多的民眾染病且得到抵抗力，就不會把疾病傳播給其他健康的人。在採取佛系防疫之前，英國的學者、專家及科學家們都曾寫信呼籲政府採取更嚴厲措施應對 COVID-19 病毒的蔓延，採取封城隔離，落實隔離政策簡居家隔離，但是未被強森首相接受。後來隨著英國確診人數與死亡人數都攀升，連強森本人都因為 COVID 19 而住院治療，佛系防疫宣告失敗並英國政

府決定採取封城等嚴格防疫措施。

在台灣，每年 11 月份勞工團體展開「秋鬥」遊行活動，爭取勞工權益，其中提高勞工基本工資就是一個重要訴求；但如果基本工資提高幅度高到企業成本增加過高，甚至無法承受，政府就無法同意勞工需求，這就好像槓桿運行，若桿子斷了就什麼也做不成。

找出溝通雙方癥結點和共識點，創造雙贏

這三個例子讓我們理解到，趨吉避凶的訊息重點是幫助被溝通者完成目標但不能製造麻煩。除了要找出如何幫助被溝通對達成目的關鍵因素外，也要考慮到在什麼是被溝通者無法做到的限制。舉例來說，勞工團體秋鬥要求加薪，除了要找出讓政府和資方同意的理性驅動力，也就是：「提高基本薪資，可以改善勞工生活，提高勞工對於政府的施政滿意度。」但也要思考如何避開政府和資方無法實行的限制：「基本薪資調漲的幅度與經濟成長不符，為了降低經營成本，企業有可能出走，或是以裁員來因應。」

今年（2021 年）印尼開始雇主分擔移工輸出成本政策，

強制實施雇主負擔新制，包含往來機票、仲介服務費、護照及簽證費用等費用，申請 1 名印尼籍移工將額外增加 7 ～ 10 萬元的費用。2020 年 11 月初政策一出時，台灣就有不少家庭向勞動部及印尼駐台辦事處抗議；也有家庭改聘越傭、菲傭，甚或台籍勞工。雇主負擔這 10 萬元，讓印尼勞工很開心，提高到台灣工作的意願；但台灣雇主卻有可能會不想用印勞。這項政策與基本薪資提高一案有異曲同工之妙，是一個博弈的過程。

要讓被溝通者付諸行動，就是要啟動他的驅動力，但是如果被溝通者對於該事件已經有了明確的立場，而他的立場又與你的訴求相反時，這時候的溝通就進入了一個博弈的過程。想讓這場博弈的結果是雙贏，唯一的做法就是找出癥結點和有共識的連結點。以開放含萊克多巴胺的萊豬為例：美豬和美牛一直是台美貿易談判 TIFA 的關鍵阻礙，為了讓推動台美貿易和爭取美國的支持，民進黨政府在這場博弈中，選擇推翻自己之前的立場，同意讓含有萊克多巴胺的萊豬在 2021 年 1 月進口來台。

和美方達成協議只是整個萊豬溝通的開始，回到台灣，與萊豬進口相關的利益相關者眾多，而且立場多與政府的開放政策相左；利益相關者之間又會互相影響，甚至強化反對

的立場。這個時候政府除了強調國際貿易的現實,政府會加強查驗,和鼓勵大家多吃本土豬肉外,還能做什麼?

和已有立場的對象溝通,相當困難,最好採取階段性溝通,讓對方立場從負面回到中性,再從中性變到支持,當然這不會是一蹴可及。首先,讓我們來看看在這個事件中的二類主要利益相關者,和他們的立場。

1. 豬農:
   立場:強烈反對進口萊豬。
   原因:影響生意(理性驅動力)。

2. 消費者:
   立場:強烈反對進口萊豬。
   原因:擔心萊豬影響健康(理性驅動力),許多肉類製品可能會使用萊豬,消費者有極大的可能誤食含萊豬的肉類製品(理性驅動力),政府怎麼可以為了討好美國,忘記自己以前的立場,出賣國人的健康(理性驅動力)。

　　要讓這兩個利益相關者從負面到中性的關鍵驅動力在於「避凶」，也就是政府必須讓豬農相信萊豬的進口不會影響他們的生意；也要讓社會大眾相信政府會做好層層把關，不管是以哪一種形式出現的豬肉製品，都會有清楚的標示，讓我們能分辨裡面是否有萊豬。為了平息豬農的憤怒，讓社會大眾安心，政府提出萊豬進口 5 大管理原則，其中特別強調，校園團膳只用國產豬，且標示跟著肉品走。政府會提供豬肉標示貼紙，從源頭的進口商及肉品工廠，隨著販售通路，一路下到店頭、攤商清楚標示。

　　其實，爭取豬農從負面情緒到中立，政府除了保證校園或是公家機構都只用本土豬肉以外，還可以加強輔導豬肉外銷。例如仿效其他國家針對牛肉推動的分級制度，像是美國的 USDA（United States Department of Agriculture）、日本的 Over all Grade，以及澳洲的 MSA（Meat Standards Australia），來建立台灣豬肉的分級制度。並向牛肉麵節一樣，舉辦豬肉食品節，甚至透過網路、美食節目、美食網紅、世界知名大廚等向世界宣傳台灣豬肉的好。如此不僅讓國人安心，對外銷也有助益。

跟社會大眾的溝通，政府要先建立起民眾的信心，先相信自己真的是有選擇吃或不吃萊豬。等民眾相信政府的把關後，並降低對萊豬的恐懼與抵制後，再由專家、意見領袖分享萊豬正面的訊息。讓消費者慢慢地接受萊豬。

　　不論被溝通對象有沒有立場，若要達成有效溝通，溝通之前，我們都需要找出三個主要訊息（key message）。當你在找 message 的時候，要做兩件事，一是如我們前面所說的，找出被溝通對象的驅動力和限制，並加以排序（prioritization）；第二件事則是去思考你自己想要溝通的訊息和目標。然後將這兩件事配對（mapping）一下，如果「他在意的」和「你想講的」一致，那這就是你的溝通訊息了！掌握目標對象的驅動力，找出對被溝通對象有「趨吉避凶」意義的訊息，才能完成有效溝通的第四個關鍵。

06

商業溝通的
案例與分析

Communication Master

了解有效溝通的四大關鍵方法後，讓我們一起透過三個實際的案例來看看這四個關鍵是如何運作的。這幾年不管台灣、韓國還是中國大陸，都很流行拍時空穿越劇，在這一章裡，我們也來穿越時空，檢視一下 20、30 年前的案子，是如何運用這四個關鍵方法；然後再回到現在，看看如果在 2021 年，我們可以如何為這三個案子規劃有效溝通的策略。

▶ 案例一：速霸陸台灣區越野賽

　　有位賽車手在臉書上憶起他最難忘的賽車活動是 1996 年的速霸陸台灣區越野賽（SUBARU TAIWAN RALLY），這場比賽因為得到外商贊助，規格盛況空前，不僅封街、封山比賽，賽前還舉辦參賽車輛繞行花蓮市區的遊行；讓能夠參與當時那場賽事的他，與有榮焉，甚至於認為台灣應該永遠也不會再有媲美當時比賽規模的賽車活動。看到這裡的你，可能很難想像，在速霸陸汽車舉辦台灣區越野賽之前，台灣民眾對 RALLY（房車越野賽，也有人直譯為拉力賽）這項運動幾乎毫無所知。

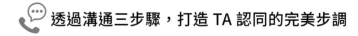

透過溝通三步驟，打造 TA 認同的完美步調

　　許多汽車公司都會投身賽車活動，例如法拉利、賓士、Honda、雷諾汽車等等都投身在 F1 賽事中；保時捷、BMS、豐田、速霸陸等等積極參與 Rally。原因無他，就是希望透過激烈的賽事，展現自家車子的性能，尤其是在引擎設計的表現及安全性；然後吸引目標 TA 的關注與認同。許多車廠為了在競爭激烈的賽事中拔得頭籌，甚至成立了專屬的賽車事業部，例如豐田汽車（Toyota）就成立了 TRD（Toyota Racing Development），負責在日本的 Super GT（JGTC）和一些場地賽、房車越野賽及賽事車輛的開發；並為參與在美國的納斯卡賽車，又稱全美改裝車競賽 NASCAR 大獎賽（National Association for Stock Car Auto Racing），和一些參與美國本土越野系列賽事為主的豐田車隊提供技術支持與服務。賓士 F1 賽車隊則自 2014 年起連續七年拿下世界 F1 賽車錦標賽的冠軍，不僅是賓士賽車部門的驕傲，更展現了賓士汽車卓越的設計及科技，遙遙領先其他競爭者。

　　早年台灣的高價位汽車以雙 B（為德國賓士「Mercedes-Benz」以及寶馬「BMW」兩大汽車品牌之合稱）為主，豐田汽車則一直傲居中價位市場的領導地位，Honda、Nissan

緊追在後；速霸陸的市占率則遠遠落後於豐田、Honda 和 Nissan。然而當時速霸陸卻是美國許多家庭的最愛，尤其是居住在非城市的家庭，這是因為速霸陸的引擎和底盤設計，特別適合行駛在郊區的路型。當速霸陸領先競爭者，推出創新的水平對臥引擎（flat engine）時，如果你是速霸陸的行銷人員，你會怎麼做？打廣告？請銷售人員介紹給客戶？還是邀請客戶試車？

這些都對，速霸陸也都做了。除了這些，速霸陸透過參與越野賽，讓速霸陸的新車在各種崎嶇、顛簸、困難的路形上極速奔馳，展現它在沙漠、冰原、山地、水坑中的絕佳操控性與速度感。

透過一場場的比賽，歐美人士對於速霸陸新車的性能大感驚艷，當然也帶動了業績的成長。

選擇參與越野賽，是因為賽車在歐美是一項熱門的運動，每次賽車活動都能引起愛車人士及喜好極限運動人士的關注，所以能讓 TA「聽得到」。選擇越野賽而非 F1，則是可以透過車子在實際的道路而非場地賽道上奔馳，讓 TA 清楚的看到速霸陸車子的性能，讓 TA 們「聽得懂」速霸陸車子的好；越野賽冠軍的加持，可以強化 TA 們選購的動機，讓 TA 們「付諸行動」。

規劃行動體驗、有獎問答引發關注

但這麼一個好的溝通策略，到了台灣卻踢到鐵板，原因無他，台灣的媒體與 TA 根本不認識越野賽；對於一個不認識的活動，就算速霸陸車隊不斷發布國際車隊的優異成績，不僅媒體沒有興趣報導，就算報導了，TA 也不一定會看。這樣 TA 如何會「聽到」呢？更遑論「聽得懂」和「付諸行動」了。

因緣際會下，我接到經營全球速霸陸車隊的英國公司 Prodrive 的請託，希望能讓台灣的 TA 也能透過速霸陸車隊全球的溝通活動，認識及了解速霸陸新車的優異性能；進而喜歡越野賽，最終能透過速霸陸車隊在全球越野賽事中的優異表現，喜歡上它的新車。

我和我的團隊做的第一件事，就是了解我們的 TA。透過多面向的調查分析，我們清楚的認知到 TA 對於越野賽車的知識趨近於零，想到賽車只會想到 F1。在那個年代，我們的 TA 獲取訊息的主要來源是電視、報紙、專業的汽車雜誌和同好的分享。如果要讓 TA 注意到國際越野賽事的新聞，最好的辦法除了在台灣炒熱越野賽車的風潮，最快的方式就是有台灣車手參加比賽。當時我們把 TA 細分成「玩車人士」

和「喜歡操控性較強車子」的愛車人士，前者希望能有台灣的越野賽，讓他們親身體驗越野賽的魅力，和見識速霸陸新車的「威力」；後者則希望有機會親眼見到國際賽事。

至於掌握報導權的媒體朋友們，他們對於越野賽的認識跟 TA 一樣，幾乎是不認識。對於不認識的活動，自然沒有報導的意願。所以如何「教會」媒體，並找出讓媒體願意報導的「誘因」就成了溝通者的重要工作。於是，我們舉辦媒體越野賽工作坊，讓媒體朋友認識越野賽的內容、規則、主要車隊及車手等等；邀請媒體採訪國際賽事，讓他們親身感受越野賽的刺激與贏得比賽的艱難；並讓他們認識速霸陸的冠軍車手與新秀，讓車手成為媒體的朋友。這樣當下一次的國際賽事新聞出現在媒體眼前時，就不是一個陌生的活動，不知道該如何報導，或是與他們毫無關聯的事件。

除了要讓重要的影響者——媒體，認識並了解越野賽，願意報導越野賽之外，我們針對 TA 規劃一系列的溝通活動，其中最重要的就是舉辦「台灣區越野賽」，並選拔台灣選手，讓台灣選手出國培訓後，有機會參加國際賽事，增加媒體與 TA 對於越野賽車的興趣與重視。

一個成功的活動，需要有人的參與。成功的越野賽車活動，需要有車手參加比賽，需要有觀眾，更需要讓未能到現

場的 TA 們也能透過媒體報導「虛擬參與」。因為我們的 TA 對於越野賽的認識幾近於零,我們開展的第一項溝通就是在 TA 喜歡閱讀的印刷媒體,進行系列報導,介紹這個在台灣很冷門的運動。同時,為了提高 TA 的閱讀意願,我們特別搭配當時很流行的報導結合有獎問答的溝通方式,在報導旁邊設計了有獎問答,答案就在該篇報導當中;答對的 TA 就可參加抽獎,獎項就是送得獎民眾到國外看真正的 RALLY 比賽。

TA 分類驅動創意,達成精準溝通

除了印刷媒體之外,我們運用影音溝通,讓 TA 對於越野賽更有感覺。我們和 TVIS(年代體育臺,2001 年更名為 MUCH TV,2003 年再度更名為年代 MUCH 臺)以及運動頻道合作,播放國際賽事比賽,邀請知名評論員引領民眾一起觀看比賽,透過賽事或介紹賽車手讓人更加了解越野賽。同時,為了提高民眾的收看興趣,在每一集的賽事中,我們都會邀請觀眾參加有獎徵答,猜猜看本季的前三名車手,猜中的觀眾同樣有機會出國看下一個年度的比賽。

透過有獎徵答的活動,我們的 TA「聽到」、「看到」,

對越野賽車的認識也從趨近於零快速上升到五成以上。

為了吸引並協助車手報名，我們舉辦「越野賽車手研習營」，幫助車手了解越野賽車的規則，取得賽車手的執照。最重要的，我們告訴所有對賽車有興趣的專業或半專業賽車手，我們將邀請亞太區的越野賽冠軍來台灣指導台灣的賽車手，並在台灣區越野賽中，選出最優秀的車手，加入我們車隊，培訓他們，贊助他們參加國際比賽。這麼有吸引力的獎勵，如果你是賽車手或玩家，你能不報名嗎？

有了車手，台灣區越野賽只成功了一半，因為如果比賽現場空蕩蕩，民眾不參與也不來看，那麼我們的越野賽只是給極少數「玩車人士」的活動，記者報導意願也不高。為了讓更多的人來參與「台灣區越野賽」，我們進行了一系列的溝通。首先，我們把 TA 分成兩類：在地人與外地遊客。針對在地人，我們的溝通策略很簡單，就是要讓在地的朋友「聽到」台灣區越野賽要舉辦了；「聽懂」什麼是越野賽，如何欣賞越野賽，和了解他們參與越野賽的「意義與好處」。透過利益相關者分析，我們了解在地的朋友，最習慣從當地的報紙和廣播節目中獲取訊息，我們就與當地的報紙與廣播電臺合作，透過系列報導，介紹越野賽車與「台灣區越野賽」的內容和車手，及最重要的邀請在地朋友和我們一

起來見證誰才是台灣最佳賽車手。同時，為了提高當地朋友對「台灣區越野賽」的重視，和邀請更多在地人來參觀比賽，我們與當地廣播電臺合作，推出了「照出冠軍車手」的活動，邀請大家到各賽段觀賽並拍下心目中的冠軍車手，然後寄給我們，我們再從「拍對了」的朋友中，抽出幸運兒，出國參觀比賽。為了增加活動的熱度，在「台灣區越野賽」的三天賽程中，廣播電臺每個整點都有 3 分鐘的最新賽事報導，除了告訴聽眾現在的領先者外，更要提醒大家到後面的賽段去觀賽和拍照。

對於外地 TA 們，我們除了持續和電視臺與報紙合作介紹台灣區越野賽的特色、賽事活動外，也邀請他們一起來參加「照出冠軍車手」的活動。同時和旅行社合作，推出台灣區越野賽的國旅行程。透過完善的事先溝通，「台灣區越野賽」不僅車手報名秒殺，也吸引許多觀眾到現場為車手加油。更透過媒體大篇幅的報導，讓許多民眾聽到，認識這個活動。

 ## 科技演進「社群」，讓溝通更直接快速

如果速霸陸賽車隊在 2020 年到台灣來推廣越野賽，又會

是怎樣的一番景象呢？首先，車隊的 TA 仍然是「賽車手和玩車人士」，及「喜歡操控性較強車子」的愛車人士。儘管台灣已經多年沒有舉辦大型越野賽了，媒體對這個賽事的報導也不多，但是這些 TA 對於越野賽早就不陌生。更重要的是，他們獲取訊息的管道與當年大不相同，不僅更多元，且早已從傳統媒體移轉到網路上。同樣舉辦賽車活動，如果要讓 TA「聽得到」台灣區越野賽的訊息，記者的角色可換由賽車專業玩家的 YouTuber 或網紅擔任，他們不但可以在活動前擔綱宣傳的重任，更可以在活動現場開直播，讓無法到現場的 TA，也能聽到賽車飛馳而過時引擎隆隆的巨響，和看到賽車甩尾、飛躍等精彩鏡頭。

在社群的年代，拍照、打卡成為一件重要的事情，所以「台灣區越野賽」的活動現場，如各賽段的出發點、結束點，一定要有拍照點，並有專人為參賽的車手們在出發前或是抵達該賽段的終點拍照，並在每天的賽事結束後立即分享給各車手，讓車手們都能在自己的社群媒體裡分享。對於在各賽段的觀眾，當然也要設置拍照打卡點，讓觀眾們可以在等待欣賞激烈的賽車活動時，拍照、打卡，上傳社群媒體。為了增加活動的樂趣和擴大活動的參與，我們可以配合越野賽的賽事設計，來規劃活動。越野賽的設計是賽車必須跑到指定

的比賽區域，依序出發，在到達該賽段的終點時，計算車手用了多少時間跑玩該賽段後，再開往下一段賽道進行比賽；如此一天跑幾個賽段，連續跑三天才算跑完比賽。若一天有八個賽段，我們可以鼓勵大家親臨現場觀賞不同賽段的賽事並打卡，每個人一天可以選擇 3 到 5 個賽段拍照、打卡，將自己的打卡點連成路線，發布在自己的 IG、臉書、Line 的貼文和朋友圈等，讓看到內容的人按讚、分享或轉發，我們再依據獲得按讚數或是分享轉發最多的人，邀請他們當啦啦隊出國看比賽。

若想吸引更多人參與，除了到現場觀賽之外，也可以運用電競概念，或者以 VR（Virtual Reality，虛擬實境）、AR（Augmented Reality，擴增實境）的概念，規劃自己的專屬路線，讓大家在家也能化身為賽車手，一起來參加比賽。在遊戲裡可以任選台東路線、澎湖路線、花蓮路線……，每個路線都有八個賽段，參賽者可以任選自己喜歡的路線。如果想增加臨場感，亦可將真實比賽的路段也放進網路虛擬賽中，真實與虛擬世界的車手，同時較勁。網路上的玩家若可擊敗當天成績最好的車手，可以參加抽獎。這樣的活動設計，可以讓包括線上遊戲的玩家、關注當天比賽的觀眾透過新的科技與媒體，和比賽現場做連結。

案例二：國際化妝品牌

　　第二個分享的案例是多年前我在公關公司工作時，協助一個非常知名的國際化妝品牌進入台灣市場。當時台灣的化妝品市場分為三個檔次，最高級的化妝品都是來自於法國的品牌，其次是來自於日本和美國的化妝品，最後是台灣本土的化妝品牌。因為這樣的分級行之有年，消費者早將高級化妝品和法國出品畫上等號，所以當一個只有極少數經常走訪世界各地的消費者才認識的非法國出品的高級化妝品，要以高級化妝品牌之姿進入台灣市場，難度可想而知。

📞 溝通第一步，了解利益相關者是不變的真理

　　因此接到這個案子時，我們對於品牌和 TA 進行了深度的分析研究，以尋找最適合的品牌定位及溝通方案。透過對品牌的分析，我們找出了許多很棒的品牌故事，例如它是第一個進入到蘇俄的國際化妝品牌，且一上市就立刻引起轟動；它也是美國明星的愛牌，甚至一些歐洲明星也是愛用者。這些故事就是品牌定位的最佳支撐。

　　因為品牌定位為高級化妝品，走高價路線，因此 TA 也

是以熟齡且有一定經濟能力的女性為主。這樣的 TA 對於化妝品有哪些期待呢？她們的化妝品知識又是從何而來呢？誰是她們選擇化妝品的主要影響者？經過質化與量化的調查研究，我們了解這群 TA 對於高級化妝品的要求，不僅是要品質好、效果佳，更重要的是這個品牌必須是有國際精品級的地位，最好是頂尖的地位；就像是精品界的愛馬仕、汽車界的勞斯萊斯。也就是說，我們不僅要滿足 TA 對於品牌和產品在理性方面的需求，還要能滿足他們感性面的期待。對 TA 最有影響力的媒體則是有質感的女性雜誌、商業雜誌和閨蜜們。

為了同時滿足 TA 們的感性與理性的需求，我們的溝通策略採取先精準再廣泛。先透過 TA 們最喜歡的有質感女性雜誌，深度報導我們的品牌故事，形塑我們是國際精品級的高檔化妝品的形象，並透露這個以往只能在歐美及日本買到的精品級化妝品牌即將進入台灣，金字塔頂端又有品味的熟齡美女們不用再到國外掃貨，更不用擔心化妝品用完買不到的麻煩。為了強化我們是國際精品的形象，我們再透過 TA 們喜歡的以報導商業資訊為主的媒體，報導品牌故事、發展品牌價值；除了加深 TA 們對品牌的認知，同時也對一般大眾溝通，塑造品牌的高端形象。當一般大眾認識了這個品

牌、TA 們認同這個品牌的價值，甚至期待這個品牌後，我們才透過記者會告訴大家：「我們來了！」

　　建立一個品牌形象，絕對不可能透過幾次或幾個月的媒體報導就能達成。品牌價值的建立，除了商品品質這個最重要的溝通工具之外，銷售通路、是否有特色商品和創新的行銷活動等等，都是重要的溝通工具。為了展現我們品牌「高、大、上」的氣場，客戶選擇只在當時亞洲最大、台灣最新的東區百貨公司設櫃，而且是位置最好的櫃位。透過媒體報導，創造社會大眾對這個品牌的好奇，TA 對這個品牌產生期待感後，我們當然要邀請 TA 親臨專櫃來好好認識這個品牌。不同於當時其他商品的做法，我們不是廣發英雄帖，而是透過精準行銷，只把特殊設計的邀請函，發給我們最重要的 TA，並透過新聞報導，「不小心」的告訴大眾我們的溝通策略，也就是：我們只邀請限量的 VIP 來參加我們的開幕活動，並準備了神祕小禮物。

　　看到這樣的新聞報導後，如果你收到了我們的邀請函，你的感覺是什麼呢？沒錯，經過大眾媒體的報導，我們的 TA 都知道只有最特別的 VIP 才被邀請，所以當 VIP 們收到邀請函時，自然會跟閨蜜們分享這個「好消息」，也很樂於參加我們的活動。

「她是誰？」誘發媒體好奇心

為了強化我們的精品形象，當品牌計畫推出一款香水系列時，我們決定主打最頂級的香精，而不是普羅大眾可以輕易下手購買的淡香水。

在當時其他高級化妝品牌的香精只要 3000 元，我們的香精要價上萬元；除了香精本身的是由許多高貴的花果，透過複雜的工藝製成，香精的瓶身更是得到世界設計大獎的水晶瓶。雖然能買得起，也願意買這麼貴的香精的 TA 很少，但是頂級香精卻成了我們是國際精品的最佳形象代言人，且這個與市場行情也有著三倍價差的商品，也立刻成為媒體及 TA 熱烈討論的話題。

身為行銷溝通者的我們，自然透過了女性雜誌、直效行銷，將這個特殊的精品香精的故事，細細的說給了 TA 們聽。同時，為了滿足 TA 們的感性期待及強化品牌的精品形象，我們也透過大眾媒體，讓社會大眾都知道，台灣出現了一瓶天價的香精。就算你買不起，或是不願意花這個錢去買，你也認識了這個精品級的化妝品牌。

媒體是我們打響品牌知名度，建立品牌形象很重要的夥伴。30 年前台灣的媒體不像現在這麼蓬勃發展，也沒有自

媒體或社群；報紙、雜誌、電視、廣播是我們 TA 主要的訊息來源。因此，如何讓媒體這個「影響者」能認識，進而認同我們的品牌，然後做出正確且能打動人心的報導，就是一個重要的工作。除了在上市之前跟女性雜誌和商業媒體的合作外，我們也持續透過媒體活動，來強化我們的品牌形象。例如，當我們推出新的香水系列時，我們捨棄了傳統的記者會，改用一對一的專訪。為了讓記者印象深刻，我們從邀請記者的方式，到會場布置及伴手禮都做了精心的設計。不同於一般的媒體活動的邀請方式，我們設計了一套連續五天的媒體溝通，每個受邀的記者在第一天會收到一束代表我們香水形象的花，第二天會收到一捲錄音帶 (那個年代，大家流行聽卡帶)，錄音帶的一面是能傳達我們香水意境的西洋歌曲，另一面則是我們的香水故事。

　　如果你是記者，你會不會好奇，這家公司到底想做什麼？如果這樣還不能打動你，請期待第三天，因為第三天你將收到另一份與產品相關的小禮物，接下來的第四天你也會收到另一份小禮物。當時許多媒體朋友第一天收到花的時候很意外，第二天開始很好奇，到了第三天就追問我們到底想做什麼？等到第五天收到我們的一對一專訪的邀請時，他們滿滿的好奇心讓他們立刻答應了我們的邀請。

這麼用心的邀請，自然不能讓媒體來到現場失望。媒體朋友一踏進會場，就進入了我們的品牌情境，不僅會場的布置全部都是產品的代表色，從牆壁、桌布、椅套、水杯，到memo pad 及筆等等，都是統一的顏色。還有點綴其中，用代表我們產品的花所展現的花藝，現場陳列的藝術品，與飄在空氣中的香味，加上能代表我們產品的音樂，讓每一個進到會場的媒體朋友，透過眼睛，耳朵和鼻子來感受我們的品牌故事。當然，最後的重頭戲，就是一場深度的訪談。經過這次的專訪，媒體朋友們不僅對於我們的品牌更加了解，也感受到品牌對於完美的追求，因此更加認同這是一個國際級的精品化妝品牌。

善用大數據與科技，讓溝通不再徒勞無功

如果是今天，一個大家不熟悉的國際精品級的化妝品牌要進入台灣市場，我們的溝通策略與方案又會有何異同呢？

首先，TA 就不同。30 年前台灣的女性朋友使用化妝品和保養品的年齡多在 30 歲以後，許多大學畢業的社會新鮮人，所謂的化妝只是擦擦口紅，對於保養更是不如現在的重視及了解。當時會使用精品級化妝品的 TA，年齡更是多在

45 歲以上的「熟齡」女性。時間拉到現在，或許是因為廠商的積極溝通激發了大家對於美麗的追求；或許是科技的進步讓年齡越來越不會顯現在我們的臉上，再次激發了我們對於化妝品和保養品的需求；加上醫療科技的進步和大家對於健康、養身的重視，使得人們不僅更長壽了，而且是健康的長壽者。所以，精品級化妝品牌的 TA 就更廣了，不僅向下延伸到 25 歲的年輕人，還可以向上延伸到 80 歲的「熟齡美女」。除了女性，男性朋友們也是越來越重視「面子」，因此許多專為男士設計的皮膚保養品，甚至彩妝用品，也紛紛上市。

這麼廣大的消費族群，當然不能只靠一套溝通方式。光是產品設計，就要分為「年輕人」、「輕熟女」、「熟齡」、「資深美女」和男性系列。男性系列還要分「運動型」、「壓力型」、「抗老型」等等不同的產品線。加上所有的產品都要有不同膚質系列，現在的產品可以說是應有盡有。當然產品價位和品牌定位也各有不同。如果是一個高級的國際性品牌要進入現在的台灣市場，一定仍然鎖定金字塔頂端的消費者，只是這些頂級消費者，不只是當年的熟齡貴婦，更增加了許多年輕且有高消費能力的美眉，和重視形象的男性朋友。

拜網路之賜，許多新型溝通工具及社群蓬勃發展，也讓消費族群更加分眾化；光是熟齡又有經濟能力的美女們，就可以分為職場女力、貴婦、投資菁英和創業家等等；而職場女力又可以再分為不同的分眾，以此類推。面對這麼多的分眾，溝通的難度自然增加，然而不變的是，我們仍然需要先透過質化和量化的分析來了解 TA 們。

事實上，因為現在科技的進步，網路的發達，要了解 TA 比以前容易。例如，透過大數據分析，我們可以知道 TA 們對於頂級保養品的定義，TA 們習慣從何種管道獲取訊息，和如何打動 TA 們的心。

30 年前我們透過高質感的雜誌介紹品牌故事來塑造品牌形象。現在，如果我們要跟 25 歲到 35 歲的年輕美眉們溝通品牌故事，可以考慮透過時尚網紅的介紹，而且最好是國際級的時尚網紅。在網路的世界裡，只有粉絲，沒有國界。位於消費金字塔頂端的年輕美眉，自己可能就是時尚網紅，他們不只是決策者，更是影響者；國際上最潮的時尚社群媒體或網紅，自然是它們追蹤的目標。想像一下，如果國際上的時尚網紅和時尚社群媒體，追捧一個精品化妝品牌，這些台灣的意見領袖們會怎麼做？

人的天性原本就愛「分享」，因為分享可以讓我們有

成就感。以前分享事情相對麻煩，在網路與社群的時代裡，分享不僅非常方便，也早已成為我們生活的一部分。身為溝通者的責任就是，提供分享的平臺和內容。例如，對於愛用 IG 的年輕人，可以設立品牌的 IG 帳號，分享國際時尚網紅的訊息；對於愛用臉書的輕熟齡和熟齡 TA 們，除了經營臉書粉專，更可以透過私密社團來強化品牌形象和消費者的忠誠度。

對於金字塔頂端的長輩們，他們不用 IG，也不愛臉書，他們喜歡 Line。如果我們可以將品牌故事，製作成幾則高質感的 30 秒影片，相信他們會樂於用這個影片取代長輩圖，跟好友們分享。

體驗式溝通是讓被溝通者能「聽得懂」的好方法，但是除了送試用品以外，我們也可以透過媒體或是網路直播來讓 TA 們「見證」名人們體驗的效果。若是能搭配現在的 VR 和 AR，讓 TA 們能身歷其境的感受，效果會更加。當然，如果能拍攝 TA 透過 VR 和 AR 的實際感受，製作成 30 秒的短影片，相信不僅可以放在 IG 官方帳號、臉書粉專，還可以成為長輩間分享的好素材，當然前提是要取得被拍攝者的同意與授權。

▶案例三：植樹造林

　　不知道大家有沒有發現，近幾年不少企業積極投入企業社會責任 CSR 的活動，也有媒體舉辦 CSR 大賽，讓 CSR 儼然成為企業對外溝通，建立形象的熱門活動。

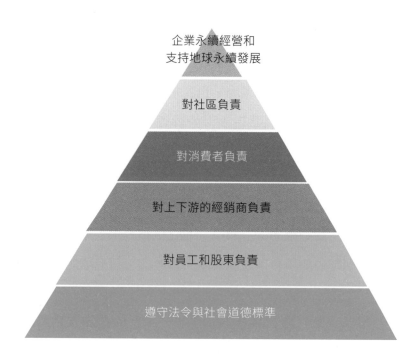

企業永續經營和
支持地球永續發展

對社區負責

對消費者負責

對上下游的經銷商負責

對員工和股東負責

遵守法令與社會道德標準

6-1 企業社會責任（CSR）定義圖

重視 CSR 是企業與地球永續的主流價值觀

什麼是 CSR ？ CSR 就是企業社會責任（Corporate Social Responsibility，簡稱 CSR）。《CSR@ 天下》網頁的內容提到，CSR 意指企業不只是要替股東創造更大的利益，還要兼顧所有相關的利害關係人（stakeholders）的權益。利害關係人指得是跟企業運作有關的所有人，由內到外，包括員工、客戶、供應商、消費者、社區、國家、與自然環境等。企業不只是獲利的工具，更應是負責任的公民。未來的領導級企業，不只是商業世界的領導，也將是社會的領導力量。沒有落實 CSR 的企業，很難再獲得消費者的認可，可以說 CSR 已經成為企業永續發展的必要條件之一。

我個人非常認同《CSR@ 天下》所說的，企業不只是要替股東創造更大的利益，還要兼顧所有相關的利害關係人的權益。我認為 CSR 就是一個「永續」的概念。企業追求永續經營，同時也要讓企業所處的地方／社會，及地球能永續發展。

所以一家有社會責任的企業，最重要的基礎就是要能遵守當地的法規政策、社會價值觀和道德標準。然後要對企業內部負責，也就是對自己的員工、股東負責任；因為一家

不賺錢的公司，不但對不起出資的股東，沒辦法讓員工有安定的生活，也無法提供員工培訓，讓員工成長，更不可能讓公司與員工一起追求成長與發展。接下來就是要對得起合作對象、協力廠商，除了要慎選合作夥伴，更不能靠壓榨合作夥伴來獲利。最後是要對消費者負責任，除了注重產品的品質、提供售後服務以外，還要積極的研發，推出新的或更高品質的商品，滿足消費者的需求才是真正對消費者負責。做到了這些基本要求後，我們再來談如何對社會和地球做一些貢獻，讓我們的社會和地球能永續發展。

至於許多人談到 CSR 時，很容易就直接聯想到企業贊助、公益活動、企業形象等等；我個人認為，這樣的想法沒錯，卻也不是全對。因為企業透過贊助公益團體，或是舉辦公益活動，能夠幫助到社會或是社會上需要被幫助的個人與團體，這是對社會永續發展的具體貢獻。而且因為活動的推廣，或許還能倡導讓社會永續發展的觀念。

但若是企業在參與公益活動時，不只是提供財務的支持，比如說，不是企業捐錢給公益團體淨灘、不是企業捐錢保護海龜；而是邀請員工和合作夥伴一起參與，並把它變成一個大家都覺得重要的事。這樣是否更能增進員工及合作夥伴對企業的好感度，並且讓員工和合作夥伴也為社會或是地

球的永續發展盡一份力呢？將企業的永續經營跟地球的永續
發展連在一起，這就是永續的概念。

💬 企業全員攜手落實 CSR 凝聚向心力

　　1999 年的 9 月 21 日，台灣發生了一個非常嚴重的地震，
不僅台北市倒了一棟東星大樓，在震央中心的南投，許多飯
店、民宅不是全倒就是半傾，前往災區的道路更是柔腸寸
斷，隨處可見因地震落下的巨石。地震不僅在當時造成了嚴
重災害，更鬆動了土石，使得接下來幾年，只要碰上颱風大
雨，就有土石流肆虐。原本每年約有一百萬人次造訪的溪頭
森林遊樂區，和旁邊的杉林溪、竹山等著名景點，頓時旅遊
人數銳減，僅有零星訪客，彷若死城。

　　因為土石流的災情太嚴重，因此有人建議，用塗水泥的
方法，把山全部都固定住就不會有土石流了；但是塗水泥並
不是好方法，更不符合追求永續的精神。還好台灣的環保學
者專家們，堅持要以生態工法，用自然的方式，種下抓地力
強的樹，來幫台灣這塊土地療傷，並防止土石流。

　　那個時候我正好在一家外商工作，我們剛完成企業內
部的 CSR 準則，制定並實施了許多內部規範，來確保我們

盡到對於員工、合作夥伴等利益相關者的責任，也正在思考如何為我們所在的社會盡一份企業責任。當我們聽到環保學者專家們建議應該加強植樹造林，來為台灣療傷止痛；同時還能落實聯合國京都議定書的精神，多種樹來吸收人類製造出來的二氧化碳，我們覺得這是一個能為台灣、為地球做的事情。我們決定到溪頭去種樹，因為南投是 921 大地震的震央，受創最嚴重；位於南投縣的溪頭，原本是美麗的森林國家公園，震災後滿目瘡痍。如同前面所說的，CSR 是一個永續的概念，除了我們自己去種樹，我們更希望呼籲大家一起來種樹，讓地球的肺可以好好呼吸。加上溪頭附近的竹山，因為沒有觀光客了，經濟受到重創。若要讓溪頭及其附近的地方能從地震的災情中站起來，我們要幫助他們把觀光客找回來；因此我們決定辦一個植樹造林活動，號召大家一起到溪頭去種樹。

　　要讓大家和我們一樣重視植樹造林，並身體力行的來參加我們的活動，絕對不是一件單純與容易的事情，我們不但要讓被溝通對象知道這個活動，更要了解這個活動的意義，然後報名參加這個活動。就像我們前面提到的，要讓被溝通者：聽得到、聽得懂，付諸行動。

💬 創造「替代性」參與，擴大「付諸行動」

　　要讓社會大眾「聽得到」，我們必須有廣泛的宣傳，除了廣告、開記者會之外，我們還在便利商店貼海報，同時持續的發布新聞稿，希望讓更多的人知道這個活動。為了要讓大眾了解這個活動的意義，並宣導植樹造林的重要性，我們跟全台灣 18 個大學森林系或相關科系合作，舉辦了一個「為台灣森林而走」的活動；由大學生們以行動宣導植樹造林的永續精神。這些大學生們，組成了兩個團隊，一個從台灣最北的基隆、一個從台灣最南的屏東出發，學生們背著簍子，一步一腳印的到各縣市熱鬧的地方去發傳單；再去拜訪台灣各縣市首長，請縣市長們送給他們代表該縣市的樹，讓他們帶到位於台灣最中間的南投縣，種在溪頭；我們也在溪頭，用石頭圍成一幅台灣地圖，然後對照每個縣市在台灣的地理位置，在這幅石頭做成的台灣地圖上，種下代表性植物。當時台北市長馬英九、台北縣長蘇貞昌、桃園市長朱立倫、台中市長胡志強、台南市長許添財等都親自出面接待學生們。

　　大學生們的「為台灣森林而走」的活動，除了要宣傳活動，創造新聞話題之外，還肩負著宣導植樹造林重要性的使命。我們了解很多人「聽到」、「聽懂」我們活動的意義後，

無法「付諸行動」的原因是他們有困難，無法在活動當天到溪頭來種樹。為了幫那些沒有辦法真正親身參與造林的人們圓種樹之夢，我們進行了另一個特別的募款活動，我們在便利商店放置捐款箱，也透過媒體公布我們的捐款帳號，任何支持植樹造林的朋友，都可以捐款購買樹苗；同時，最有趣的是學生們每天行走的距離也是根據募得款項而定，捐款愈多，學生走愈遠。學生們都希望捐款愈多愈好，儘管捐款多代表他們要走得更遠，但同時也代表能種下的樹苗也愈多，讓這個活動更加有意義。

　　不過，剛開始參與長途健行的學生們都感到挫折，因為沿途民眾通常是以異樣的眼光看著他們，好像是看到一群瘋子，怎麼想用「徒步」挑戰這麼長的距離。但隨著天天出現的新聞報導，吸引住民眾的目光，第三天起，開始有民眾請他們吃西瓜、愛玉冰，應有盡有；也有熱情阿嬤因為不懂如何郵政劃撥，不知道可以到哪裡捐款，就直接塞現金 5000 元給學生，請學生代捐。還有很可愛的阿公、阿嬤，看學生走到汗水淋漓，請他到家裡休息，拿食物、便當給學生吃。更有民眾打電話到報社詢問學生步行路線後，特意到學生即將經過的路段上等候，為學生送上飲料、食物，為他們打氣，令人感動。

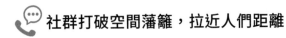 社群打破空間藩籬，拉近人們距離

　　除了社會大眾，我們也邀請員工和他們的家人們跟我們一起去溪頭種樹，因為我們相信「永續」的觀念要先從自己企業內做起。讓我們感動的是，我們的商業夥伴：便利商店，也很支持「種樹救地球」的觀念，不但沒有收我們張貼海報和放置捐款箱的費用，還幫忙收報名表，唯一的要求是讓他們的員工和家屬也能跟我們一起去溪頭種樹。

　　如果我們現在舉辦植樹造林的活動，要讓社會大眾「聽得到」、「聽得懂」和「付諸行動」一定比當年容易許多。首先，在活動的宣傳上，可以運用的媒體變多了，除了傳統的媒體，IG、臉書粉專、Line、Youtube、Podcast、網紅都是很有效的宣傳管道。當年大學生們的「為台灣森林而走」的活動，因為媒體資源有限，只能在每天的報紙和短短的電視新聞中看到，萬一錯過新聞時段，還不知道辛苦的大學生們已經走到腳都起水泡了。

　　現在，大學生們可以透過直播，隨時跟外界分享「台灣行腳」的心情；在抵達當地時，公布現場情形。剛開始學生直播可能沒有流量，我們可以串連網紅，一起直播；每天與不同的網紅連線直播，對網紅來說有意義的活動也可以造成

話題、充實內容，相互拉升流量、吸粉，也許還會意外造出幾位新的網紅。

現在的人，除了愛地球，也愛美食與小旅行。我們也可以配合現在年輕人的喜好，請大學生們在為台灣森林而走時，用 IG 打卡，將他們行走的路線串成「台灣森林足跡」路線；同時也可以徵求大家的私房森林足跡路線，藉此在社群媒體上造成話題。或者可以直播公布明天的路線，或是公開徵求路線上值得停留的三個點，非吃不可的美食等等，吸引更多人共同參與。

募款的部分也可以在線上進行，民眾只要手指輕點手機或電腦螢幕就可以完成；學生與網紅連線直播時也可募款，在直播過程中，可以看到民眾投進來的捐款，節節上升的模樣，也是很有趣的情景。網路上還可以公布民眾每天捐款金額，和大學生們行走的公里數，非常公開透明。而且過去若報紙、電視臺沒有報導，一般人無法知道學生們的行走路線，現在可以透過網路發布學生每天步行路線，大家透過 google 就可搜尋到，更容易幫他們加油打氣。對於非常支持種樹救地球的肺這個觀念，但又無法在活動當天來種樹的朋友們，我們可以同步開啟虛擬種樹森林，不需要到溪頭或任何森林，只要網路上捐款，大家就可以一起來種樹。

從上面的三個案例中，我們可以看到，當年我們透過溝通的四個關鍵步驟，讓 TA 們「聽到」、「聽懂」且「付諸行動」。若把這三個活動放在今天，只要我們做好四個關鍵步驟，依然可以讓 TA 們付諸行動，因為只要我們了解被溝通對象的喜好、驅動力、限制、接受訊息的管道，和如何影響他們；再掌握各項最新溝通媒體的特性，就能讓他們「聽到」、「聽懂」且「付諸行動」。

07

商業溝通常見問題

Communication
Master

溝通是一門藝術。在這本書中我們看到了在溝通過程中，參與的人們通常會依據自身的經驗、溝通目標與當下情緒來進行溝通的編碼與解碼。但或許是因為彼此了解不足，或許是情緒影響了人們的判斷，要達到雙贏或是多贏的有效溝通的終極目標並不容易。

在最後的章節裡，整理過去在商業溝通的實戰經驗中最常碰到的 6 個挑戰，以本書提及的四個關鍵步驟為大家提供參考解答。

▶ 問題 1：如何說「不」？

當面對這個困擾時，我們應該先問自己，為何害怕說「不」？是擔心對方生氣？害怕中斷彼此的的溝通？還是對方生氣了，對你有什麼負面影響？是情緒上的不舒服？還是實質上的損失？

先分析自己說「不」之後的利弊得失，如果利大於弊，接下來就要思考如何說「不」。

說「不」其實不難，難在如何優雅又不得罪人的說「不」。被溝通對象不論是消費者、客戶、主管、同事，甚

至是部屬，他們提出的要求通常可以分為三大類：一種是隨性提出，例如，女生買東西時，常常隨口問店家是否可以打折；午餐時間到了，同事問你要不要一起吃午餐，這類要求如果被拒絕，對方不會太在意。第二種是提出要求的人，心裡也覺得被接受的可能性只有一半，抱著碰運氣的心態問問，例如，買車的時候，汽車銷售員已經提供很優惠的折扣了，買車的人還是想再拗一下，問問能否再便宜一點或是送保險；在辦公室，老闆明明知道你手上的工作已經爆滿，但因為你的工作品質最讓他放心，所以想找你救火幫忙，這個時候說「不」需要態度溫和、立場堅定，並且提出有說服力的證據，讓對方理解你的困難與誠意。

第三種是最困難的情況，提出要求的人立場很堅定，他的溝通目標就是要說服你。碰到這樣的狀況時先別慌，先了解一下對方的背後動機，他有什麼困難嗎？他真正的目的是什麼？再了解他是否有備案和他的底線。接下來找出雙方最接近的共通點，和這個共通點對他的價值，然後用他聽得懂的方式，提出你的建議。

舉例來說，如果老闆找你救火，不容許你說不。你可以先自我分析一下你答應救火和完成手上的工作，哪一項對公司、對老闆比較好。接下來再思考，如果你不接這個救火的

工作，可行的備案是什麼？或是你為了這個救火的工作，放下手上其他的事情，對公司有什麼不利的影響，和如何降低這個不利影響。想清楚後，再用老闆「聽得懂」的方式跟他「報告和討論」，讓他自己看到你說「不」對他的好處。

許多專家教我們先肯定對方的想法，再提出自己的建議，在英文裡的用法是：「Yes, but……」，這是一個好的策略。但若是對方知道自己提出的要求不盡情理，或是他熟知「Yes, but……」的策略，這樣的情況下就盡量避免用「Yes, but……」。每個人都有自己熟悉或喜歡的溝通方式，我們可以用他喜歡的方式跟他溝通，如果他是一個喜歡單刀直入的人，可以直接把你的困難和建議告訴他；如果他是個敏感的人，或許不要直接拒絕，先爭取緩衝時間，一方面讓自己有時間思考多一些方案，也讓雙方可以更理性溝通，甚至可以透過第三方協助溝通。

說「不」的關鍵技巧在於，不要亂了方寸。人都有情緒，聽到對方提出一個讓我們無法接受的要求或建議時，很常見「膝蓋式的反應（Knee jerk reflex）」。不管在言語上或是表情上，都會出現「不，這太離譜了！」或是「喔！不可能！」這類的反應，但這樣的反應都會阻礙接下來的溝通。

所以聽到對方提出「不盡人情」的要求或建議時，請

先深呼吸，讓自己冷靜一下，接下來趕快了解提出要求的人的動機、目的、困難、底線和溝通偏好。再找出自己可以協助的部分，雙方最接近的共通點。以對方喜歡和聽得懂的溝通方式，保持情緒的穩定，態度溫和，立場堅定；不只說「不」，還要提出自己的想法與建議

▷ 問題 2：如何溝通一個壞消息？

　　沒有人喜歡聽壞消息，畢竟趨吉避凶是我們的天性。碰到壞消息時，先別急著溝通，先深呼吸，讓自己心情平穩下來。仔細分析一下，這個壞消息的正確性，為何發生？影響到誰？影響層面有多大，是否可以補救？補救的方法為何？再想想誰該知道這個壞消息，一個人還是很多人？溝通是否應該有先後順序，再分析該知道的人的溝通習慣，找出三個主要訊息，依據被溝通者的喜好，決定溝通訊息的順序，和溝通方式。

　　COVID-19 影響到許多產業，有些公司不得不以裁員來因應。如果你是主管，該如何跟員工溝通這個壞消息？

　　受到裁員影響的人有三大類：要離職的員工、留下的員

工和主管。要離職的員工最關心的是資遣方案及離職時間。留下的員工，雖然保住了工作，但是脣亡齒寒，心情起伏在所難免；而且裁員後可能自己的工作量會增加，可是薪水卻不一定會調漲，還有調降的可能。主管最關心的除了員工的心情外，還要擔心工作交接是否順利？裁員後的業務推動是否如常？

　　通常主管一定是最早知道裁員方案的人，接下來就是要跟被資遣的員工個別溝通，溝通的目的除了告知公司的決定，最重要的是要讓被資遣的員工理解公司的決定，和感受到公司的誠意。因此，溝通的方式和訊息至關重要。為了展現誠意和尊重，最好能由最高階主管，例如中型公司的總經理、大型公司的事業群主管、被資遣者的直屬主管，以及人事部門主管一起與被資遣者溝通。溝通的訊息必須包括：「裁員的原因」、「公平，客觀的選人標準」及「資遣方案（除了資遣費，公司是否可以提供其他求職協助）」。無論被資遣者有任何情緒反應，公司代表必須展現出對將離職的員工最大的肯定、尊重與感謝。

　　和留下來員工的溝通也很重要，溝通的目的在於穩定軍心，和凝聚向心力。所以溝通的訊息除了說清楚公司裁員的理由，表達對於要離職員工的不捨與感謝，更要聚焦在公

司未來發展的策略和關鍵里程碑。同時，要提醒留下來的同仁，多關心和感謝要離職的夥伴。

　　溝通壞消息前，要運用同理心，從被溝通者的角度思考他們的心情與需求；再依照他們的狀態與你或是公司能提出最好的方案，研擬溝通訊息。溝通時，溝通者的態度很重要，溝通者要展現出誠實、誠懇和負責任的態度，並積極的以對話代替宣達，讓受到壞消息影響的人，能在你誠懇的態度下，漸漸冷靜下來並與你進行對話，進而接受壞消息或是找到雙方都可以接受的更佳方案。

▶ 問題 3：如何確定溝通是有效的？

　　這個問題很實際也很有趣。溝通是否有效，端看被溝通對象是否採取了我們預期的行動。例如，行銷溝通的目標是讓消費者購買我們的商品；政府或政治人物跟社會大眾溝通的目標是爭取選票和支持度；倡議團體的溝通目標是他們推廣的議題是否能得到社會大眾，甚至政府的重視與支持；帶領團隊的主管的溝通目標是讓團隊一起成長，達成目標，並成為高效能的團隊。或是對個人來說，老闆是否增加我的部

門預算、幫我加薪和給我培訓機會等等。只要達成當初所設定的溝通目標，就是有效溝通。

但如果沒有達成溝通目標，也不一定是無效溝通。或許是因為我們要溝通的事件本身複雜度高或難度太高，無法透過一次的溝通達成，必須透過一系列的溝通活動才能達到溝通目的。例如一個新的手搖茶品牌上市，如果想要在手搖茶的紅海中立刻成為領導品牌是極困難的，因為消費者需要經過：知道這個品牌、了解這個品牌，到認同這個品牌，才會採取消費行動。我們在第三章提到的同婚合法化，也是歷經前後長達近 40 年的倡議才達成的。

另一種經常發生的情形是，被溝通對象已經接受我們的建議，也就是說他的驅動力已被啟動，但是有其他的限制讓他無法採取我們希望的行動。就像第一章的小明一樣，想喝咖啡卻沒有錢，只好忍痛放棄。在這種情況下，我們應該協助被溝通對象，解決他採取行動的障礙。例如，消費者很喜歡我們推出的新車款，但是口袋不夠深，無法負擔，這時候分期零利率就是很好的解決方案。貼心的溝通者，除了要確定被溝通者「聽得到」、「聽得懂」，還要幫忙想想如何降低被溝通者採取行動的阻力。

這真的是個好問題，因為溝通是雙向的，不僅我們要準確的傳達自己的想法，更要正確的理解對方的訊息。不了解對方的意思，或是誤解對方的意思，溝通就進入雞同鴨講的境界了。有位 80 歲的女性長輩告訴我一個很有趣的例子，她是位非常聰明優秀的女性，高中時期就讀北一女，但她卻沒有選擇升大學，不是因為家裡反對女孩念書；相反的，女孩的父母很希望她能好好讀書，甚至出國進修。為了鼓勵她讀書，母親告訴情竇初開的她：「好男孩都在台大，妳如果好好念書就可以考上台大，將來就可以和台大男生談戀愛、結婚。」結果，她只聽到「好男孩在台大」的訊息，高中三年很認真的參加各種有台大男學生的聯誼活動。你可以想像一下，當她告訴她的父母，因為她已經有一位很優秀的台大電機系男友時，所以不念大學時，她父母臉上的表情嗎？

　　進行商業溝通時，確實了解彼此的想法非常重要。錯誤的判斷，不僅會帶來鬼打牆式的無效溝通，和錯誤的期待，更可能傷害彼此的信任。要聽懂對方的意思，首先請回想一下，根據利益相關者分析，被溝通對象的經驗與信念為何？請從對方的角度思考他「編碼（coding）」的依據，再透過

他的邏輯來「解碼（decoding）」。接下來，請透過「探詢（probing）」的方式，確認你是否正確的了解對方的意思。

例如，小朋友跟父母說：「我肚子痛，今天不能去上學。」父母除了關心小朋友的身體狀況，一定會深入的探詢：「為何肚子痛啊？什麼時候開始肚子痛？」

如果小朋友拒絕父母帶他去看醫生，或打針吃藥，我想很多父母就會說：「你肚子痛好可憐，我們這個周末就不要出去玩，在家休息好了。」透過進一步的探詢來了解孩子真正的意圖與問題。

職場上，無論是一對一的討論，或是多方參與的會議，我們都可以運用同樣的方法來確認自己是否準確的理解對方的想法。例如，老闆交代工作給部屬，有些部屬會立刻拍胸脯，保證會在時限內做完、做好；有些人可能會面露難色，或是陷入思考；有些人則是提出一堆問題。

這三種員工誰最讓你放心？誰會把事情做好呢？答案是不一定。立刻拍胸脯掛保證的人，可能只是隨口答應，或是未必有能力做好。陷入思考和提出一堆問題的人，可能是已經在思考處理策略的人。當然也有可能三種人都能交出漂亮的成績單。問題是，主管要如何正確理解和回應這三類回答。

如果部屬一直都是高效率的人，他用第一種方式回答，老闆大人就可以放心；如果部屬以往的表現常常丟三落四的，那麼老闆大人可以透過深入探詢，讓部屬看清楚任務內容，並了解部屬對於任務的認識度、把握度和執行策略，最後再決定是否要把工作交給他。

商業談判也是一樣，事先準備功課很重要。先掌握被溝通對象的編碼和解碼邏輯，依照他的邏輯來解碼，然後透過多面向的探詢，例如請教他對於你的提案的想法，或是請他提出他的想法，或是請他評估你的方案的可行性等等，方能聽懂對方真正的意思。

問題 5：如何和立場相左的人溝通？

我們都希望的有效溝通就是透過一次溝通，目標對象就會採取我們預想的行動。然而現實中能夠透過一次溝通就達陣的例子並不多，除了人類的行為模式讓我們採取行動前，要經過知道、了解、認同的程序；許多時候，我們要溝通的事情，與被溝通對象的信念、立場相左。例如，我們前面提到的同婚合法化，擁同派和反同派立場相異很難溝通；以及

在美國最令人矚目年度大事之一，就是很難讓死忠川粉相信總統大選沒有舞弊。

　　和立場相左的人溝通的第一個關鍵是，坦然接受彼此的不同，並從對方的視角來理解問題和雙方間的差異。但受到「趨吉避凶」天性的制約，碰到意見相左的人，我們下意識會想逃避溝通，或是想說服對方接受我們的想法，而忘了有效溝通中最重要的「聽」。只有放下情緒，理性冷靜的發揮同理心去聽、去想和體會，才能看到溝通的契機。溝通中，最大的障礙之一就是雙方都堅持己見，就好像兩個人都踩在談判線上，沒有人讓一步，溝通就打死結了，直到有人遞出橄欖枝，才能拉出溝通的空間。

　　放下自己的「成見」與「堅持」後，第二個關鍵是透過利益相關者分析來了解對方的立場與原因、決策的驅動力與限制，和對他有影響力的人。然後依據分析的結果來制定溝通計畫。制定計劃時要注意第三個關鍵：不要有不切實際的期待。有效溝通的目標不是一蹴可及，必須先建立雙方的信任，再思考如何讓對方了解並接受我們的提議，所以溝通是一個系統性的活動，不是單一事件。要建立信任就要做到第四個關鍵：找到雙方的共同利益或共同關心的事情，從這個共同點出發，開始對話。

第五個關鍵是找到最合適的溝通管道，這個管道可能是人，即「影響者」；也可能是溝通平台，例如活動或是媒體報導。讓立場相左的人「聽到」或「看到」雙方在某事件上是「朋友」，先緩解雙方對立的緊張關係，歸零。再進入第六個關鍵：依據對方的經驗值與價值觀，以對方的立場、利益對導向進行訊息的編碼。

　　跟意見相左的人溝通，除了做到這六個關鍵，最重要的是三心二意。透過同理心、耐心、包容心來了解被溝通對象；以及透過意志力、創意，來尋找最合適的溝通訊息、溝通管道，才能讓雙方從負分關係建立信任後，成為從零出發的平等關係，進而爭取成為合作關係。

▶ 問題 6：如何讓合作夥伴主動積極的付出？

　　有兩種方式可以讓合作夥伴（包括同事、下屬跟合作廠商）聽進去我們的要求，並採取行動；利用我們的職務上的權力（position power），或是運用我們的影響力（influencing power）。

　　使用職務上的權力，可以很快速的交辦事情，但不能讓

合作夥伴主動的多做一些（go the extra mile）；原因無他，不管是上司對部屬使用職務上的權力，或是客戶對廠商使用金錢力量，只是讓他們被「趨吉避凶」的表象驅動，產生責任感（accountability）；但沒有打動他們的心，沒有點燃他們心裡對這個案子的熱情和所有權（ownership）。

運用影響力，則是透過溝通，讓合作夥伴自己看到一個「問題」，或是「機會」，而且想要去解決這個「問題」，或是抓住這個「機會」。當合作夥伴出現這種欲望時，自然會主動積極的付出。

行銷公關人員常常需要透過各種媒體分享企業和產品的訊息，有些訊息在媒體上看起來自然流暢，可信度高；有些訊息一看就是「大內宣」。要讓媒體的報導更具吸引力，最重要的不是置入行銷的費用，而是報導者。不論是記者、網紅、YouTuber，還是博客；如果報導者自己「發掘」或挑選了這個題材，自然會用心去收集資料，再用最佳的方式把訊息呈現給他們的閱聽眾。公關人員的責任是協助媒體／報導者「看到」一個值得報導的事件，讓媒體／報導者產生高度興趣及 ownership。

若希望合作夥伴主動積極付出，就要先讓他們產生所有權。人對自己的事情特別重視，如果這個案子是合作夥伴主

動提出來的、他的點子，他一定會盡 200% 的力氣，並盡量讓結果超過目標。所以影響力，不是交辦任務，也不是委託執行，而是透過討論，讓合作夥伴自己發現問題或機會，自己提出建議，自己爭取公司或客戶給他資源去完成工作。

Big 叢書 350

做對四件事，成為商業溝通高手

作　　者—關家莉
主　　編—林菁菁
企劃主任—葉蘭芳
封面設計—陳文德
內頁設計—李宜芝

董 事 長—趙政岷
出 版 者—時報文化出版企業股份有限公司
　　　　　108019 臺北市和平西路 3 段 240 號 3 樓
　　　　　發行專線－ (02)2306-6842
　　　　　讀者服務專線－ 0800-231-705・(02)2304-7103
　　　　　讀者服務傳真－ (02)2304-6858
　　　　　郵撥－ 19344724 時報文化出版公司
　　　　　信箱－ 108019 臺北華江橋郵局第 99 信箱
時報悅讀網—http://www.readingtimes.com.tw
法律顧問—理律法律事務所 陳長文律師、李念祖律師
印　　刷—勁達印刷有限公司
初版一刷—2021 年 1 月 22 日
初版二刷—2021 年 2 月 4 日
定　　價—新臺幣 320 元
（缺頁或破損的書，請寄回更換）

時報文化出版公司成立於一九七五年，
並於一九九九年股票上櫃公開發行，於二〇〇八年脫離中時集團非屬旺中，
以「尊重智慧與創意的文化事業」為信念。

做對四件事，成為商業溝通高手 / 關家莉著 . -- 初版 . -- 臺北市
　: 時報文化出版企業股份有限公司, 2021.01
　　面；　公分

ISBN 978-957-13-8487-0(平裝)

1. 商務傳播 2. 人際傳播 3. 職場成功法

494.2　　　　　　　　　　　　　　　　109019360

ISBN 978-957-13-8487-0
Printed in Taiwan